不消极

如何有效管理你的坏情绪

陈功全◎著

台海出版社

图书在版编目(CIP)数据

不消极,如何有效管理你的坏情绪 / 陈功全著. — 北京 :
台海出版社, 2017.10

ISBN 978-7-5168-1579-3

Ⅰ. ①不… Ⅱ. ①陈… Ⅲ. ①情绪-自我控制-通俗读物
Ⅳ. ①B842.6-49

中国版本图书馆 CIP 数据核字(2017)第 228475 号

不消极,如何有效管理你的坏情绪

著　　者:陈功全

责任编辑:高惠娟　贾凤华

装帧设计:芒　果　　　版式设计:通联图文

责任校对:王　杰　　　责任印制:蔡　旭

出版发行:台海出版社

地　　址:北京市东城区景山东街 20 号　邮政编码: 100009

电　　话:010-64041652(发行,邮购)

传　　真:010-84045799(总编室)

网　　址:www.taimeng.org.cn/thcbs/default.htm

E - mail:thcbs@126.com

经　　销:全国各地新华书店

印　　刷:北京柯蓝博泰印务有限公司

本书如有破损、缺页、装订错误,请与本社联系调换

开　　本:710mm×1000 mm　1/16

字　　数:200 千字　　印　　张:16.5

版　　次:2017 年 11 月第 1 版　　印　　次:2017 年 11 月第 1 次印刷

书　　号:ISBN 978-7-5168-1579-3

定　　价:38.00 元

前言

哲人说:“太阳底下所有的痛苦,有的可以解救,有的则不能,若有就去寻找,若无,就忘掉它。”英格兰的妇女运动领袖格丽·富勒曾将一句话奉为真理,这句话是:我接受整个宇宙。

是的,你我也要接受不可更改的事实。即使我们不接受命运的安排,也不能改变事实分毫,我们唯一能改变的,只有自己看问题的角度——管理好自己的消极情绪,才能激发出自己的潜能。

当然,坏情绪是生活的一部分,没有人会主动去选择让自己情绪低落。它是基于我们神经系统的一种本能反应。

但是,面对生活中的种种不顺心,一个不会生气的人是庸人,一个只会生气的人是蠢人;只有做那个能够驾驭自己情绪、做到尽量不生气的人才是最聪明的。

也就是说,受情绪控制,只能让你成为情绪的奴隶,让你常常失去自我。只有管理住坏情绪,好好地爱自己,你才是最幸福的。

有一位哲学家曾说:“一个稳定平和的情绪,比一百种智慧更有力量。”

我们往往可以轻易躲开一头大象,却躲不开一只苍蝇——使我们事倍功半的常是一些因情绪错乱而造成的芝麻小事……无数的事实均证实了这样一个道理——拥有一个好情绪,方能拥有一个快乐的人生。

只有拥有了好心态的人能包容别人,不会用别人的错误惩罚自己。

只有拥有了好情绪的人，才能从容地面对世事纷争，显得平静而超脱。

也只有，学会管理自己的负面情绪，才能办成一般人办不成的事，从而在社会竞争和实际生活中处于主动地位。

本书完整、科学、权威地讲述了如何管理好自己的负面能量，激发自己的正面能量，从全新的角度阐释生活的智慧，包括：生存、处世、名利、关系、宽心、幸福、得失、成功、生活……它们将激发你对人生的思考，协助更多的人能够在生命里开创他自己更多的选择。

翻开本书，你会在令人耳目一新的故事中，在富于深刻哲理的讲述中，轻松地学会掌握自己的情绪。

同时，在掌握不生气的技巧、掌握情绪管理的过程中，你也会找到自己的方向——你必然就可以掌控自己的人生。不会身处顺境而忘乎所以，也不会太过悲伤而痛不欲生。

愿你不畏过去，不惧将来，在自己仅仅只有一次的人生里，活出一个最大可能性的自己！

目录

第一章

你一定要努力，但千万别着急

总有一个比你忙的人在坚持放松

“真希望能好好睡个懒觉”，这是现代社会上很多上班族的奢望。一项调查显示，现代人的各种病症中，约有90%以上都是与工作息息相关的生理紊乱。由此可见，生活的压力过度，就会造成各种生理及心理方面的病症。英国著名文学家莎士比亚曾说过：“压力是柄双刃剑。”的确，适度的压力是动力，可以挖掘人的潜能，促人奋进，让我们的生活更好，能更快地达成我们的理想。

但是，如果压力过度，就会给我们带来很多的危害。压力过度会引发各种生理方面的反应，如心跳加快、肌肉紧张、血压升高、背痛、腹胀、失眠等一系列症状，严重的时候就会使各种各样的疾病蜂拥而至。心态不好的人极易身染重病，古人早就指出了这一点。《黄帝内经》中有言，“百病皆生于心”“心者五脏六腑之主也，故悲哀忧则心动，心动则五脏六腑皆摇”“情志之伤，虽五脏各有所由，则无不从心而发”等。

可以说，过度的压力是人生的灾难，它足以摧毁我们生命的堡垒，因此我们必须学会减压。想要有效地舒缓压力，那我们就必须要清楚压力的来源。只有这样我们才能想出解决的办法。很多时候，找到压力的来源，我们才能明白事实的真相，从而制定适合自己的减压方案。

人不能一直处于高强度、快节奏的生活中，不然就会出现各种各样的症状。我们要学会善于调节自己的情绪，缓解压力，让我们的生活能够劳逸结合、张弛有度。只有这样，我们才能轻松快乐地生活。只要我们学会了情绪调节的“太极”，面对来势汹汹的压力，才能轻松地“兵来将挡，水来土掩”，轻轻松松地就能够化解。

有这样一个故事：有一位讲师在课堂上拿起一杯水，然后问台下听课的学生：“各位认为这杯水重不重？”大家很奇怪，一杯水差不多也就是半斤重，最多也不会超过一斤。所以众学生异口同声道：“不重。”

讲师则说：“这杯水的重量并不重要，重要的是你能拿多久？拿一分钟，谁都能够；拿一个小时，可能觉得手酸；拿一天，可能就得进医院了。其实这杯水的重量是一样的，但是你拿得越久，就越觉得沉重。这就像我们承担的压力一样，如果我们一直把压力放在身上，到最后肯定会觉得压力越来越沉重而无法承担。我们必须做的是放下这杯水，休息一下后再拿起，如此我们才能拿得更久。所以，各位应该将承担的压力于一段时间后适时地放下并好好休息，然后再重新投入新一轮的工作中，如此才可承担得更久，效果也会更好。”

从每个人的健康角度出发，我们应该选择一种张弛有度的生活方式，这样既能保证工作效率，同时又保证了充足的休息。在一张一弛中，充分享受生活的诸多乐趣。

对很多年轻人来说，以为自己身体强壮，就动不动熬夜、加班，高强度工作，可能确实是因为身体年轻，抵抗力强，一些病症并不会马上就显现出来，却给身体种下了疾病的隐患，最终必会积劳成疾，用不了多久病患就会找上门来了。

下面是一些根据生活中的情况我们提供的解决方案，仅供参考。

第一，睡眠不足是人们感到疲劳的主要原因，而长时间的疲劳感容易让人感到压力，所以，减压首先要保证充分的休息，睡眠要充足，而且最好是早睡早起，尽量避免熬夜。

第二，尽量避免采取那些有副作用的消遣方式，如看一晚上电视直到犯困或者借酒解乏，通宵打牌。这些方式都会让你第二天更感疲劳。建议你最好能尝试一些积极的减压方式，如运动、给朋友打电话、编织、缝纫、手工DIY、拼图、读小说、唱歌等，这些都是很好的休息方式，不要去向这些事情要结果，要知道，你享受的是放松的过程。专家曾说过，全身心地投入一种安静而不带竞争性的活动，能让你通过转移注意力而松弛下来。

第三，远离那些讨厌的声音。不管是同事八卦的无聊"新闻"或者老板唠唠叨叨的训话，这种声音都会给人带来压力。不妨听点轻音乐，让美妙的音符去帮你隔绝这些讨厌的声音。

第四，向朋友或家人宣泄感情或者写下自己的感受，都有利于缓解精神压力。至少你不会感觉孤独无助。美国的医学专家曾经对一些病人进行分组研究，一组人用敷衍塞责的方式记录他们每天做的事情；另外一组人被要求每天认真地写日记，包括他们对所患疾病的恐惧和焦虑。结果研究人员发现，后一组人很少因为自己的病而感到担忧和焦虑。

第五，劳逸结合能够有效缓解压力。如果你是脑力劳动者，不妨随时随地活动，根据时间的长短，你可以选择不同的运动方式，如办公室瑜伽、伸展运动、爬楼梯、乒乓球、羽毛球都是不错的选择。即使时间很紧张，没有整段时间来运动，你也可以借收拾办公室、打水的机会小小地放松一下，伸伸懒腰，甚至可以尝试站着看文件。在打字累了的时候还可以做做手指操，等等。如果你是体力劳动者，不妨在感到累时看看书，读读报。

第六,移情山水不失为一种减压的好办法。洪应明说:"霜天闻鹤唳,雪夜听鸡鸣,得乾坤清纯之气;晴空看鸟飞,活水观鱼戏,识宇宙活泼之机。"从霜天鹤唳、雪夜鸡鸣、晴空鸟飞、活水鱼戏中,感受到自然界的清纯之气和活泼生机。看禽鸟对语,水天一色,顿觉心思活泼,气象宽平。此种奇观妙景,可以净化人的心灵,使人们从赏心悦目中获得人生的感悟,达到物我相忘的境界。

第七,用假想的轻松生活对抗真实的压力。如果工作和生活的压力实在太大,没有时间去做一些你想做的事情,那么你不妨展开自己的想象,随着思绪去那些你所喜爱的地方,做你喜欢做的事,比如在海边看落日,在山上高歌,到草原上骑马等,这些想法能让你的大脑放松,达到放松精神的目的。

第八,能笑的时候要尽量笑。当感到疲劳时,不妨想一些好笑的事逗自己笑,或者和身边的朋友一起说些笑话,大家哈哈一笑,气氛就很容易活跃了,自己也放松了。事实上,笑不仅能减轻紧张,还有增进人体免疫力的功能。

第九,从身边的一些小事上找乐趣。比如:站起来向窗外眺望,仔细观察远处某个东西或一直盯着远处某个人看;把一张纸揉成一团,像投篮一样把它投进纸篓里去;双脚蹦着上下楼梯,如童年做小兔子游戏时一样;估计走到饮水机、洗手间或门口需要多少步,走走试试,看看你猜得对不对;用怪调唱歌,模仿某个有特点的人说话,等等。这些看似有点无聊、有点幼稚的举动会让你忘记眼前繁杂的事务,心情也能得到放松。

我们每个人都应该学会很多的自我调节的方法。因为只有学会调节,我们才能在压力横行的时光中,轻松自在地生活。总之,千万别忘记要偶尔放下忙碌的工作,轻松一下,在紧张的生活中学会松弛自己的神经。生活中的压力无处不在,学会让自己减压,多一些笑容,多一些轻松,多一些开心,摆脱沉重的生活,紧握生命中所拥有的幸福和快乐。

最舒服的心态，就是平常心

美国石油大王洛克菲勒，三十三岁时就成了美国第一个百万富翁，四十三岁时创建了世界上最大的私人企业——标准石油公司，每周收入达一百万美元。然而，他却是个只求“得”不愿“失”的资本家。一次，他托运四百万美元的谷物。在途经伊利湖时，为避意外之灾，他投了保险。但谷物托运顺利，并未发生意外。于是，他为所交的一百五十美元保险费而懊悔不已，伤心得病倒在床上。他的这种患得患失的思想观念，给他带来了不少烦恼，使他的身心健康受到了严重伤害。到五十三岁时，他“看起来像个木乃伊”，已经“死”了。医生们为了挽救他的性命，为他做了心理咨询，告诉他只有两种选择：要么失去一定的金钱，要么失去自己的生命。在医生的帮助和治疗下，他对此终于有了深刻的醒悟。他开始为他人着想，热心捐助慈善和公益事业，先后捐出几笔巨款援助芝加哥大学、塔斯基大学，并成立了一个庞大的国际性基金会——洛克菲勒基金会——致力于消灭全世界各地的疾病和贫困。洛克菲勒把钱捐给社会之后，感到了人生最大的满足，再也不为应该失去的金钱而烦恼了。他轻松快活地活到了九十多岁。

“不以物喜，不以己悲。”我们要以平常心去面对我们的生活，才能活得从容。美国著名的社会心理学家马斯洛说过：“心若改变，你的态度就会改变。态度改变，你的习惯就跟着改变。习惯改变，你的性格就跟着改变。性格改变，你的人生就跟着改变。”

古时候有这样一位官员,在他的家里珍藏着一对稀世玉杯。这对玉杯晶莹剔透,没有一丝杂色。官员将它们视为传家之宝,异常珍爱,轻易不肯示人,只有重要聚会时才拿出来,专设一桌,铺上锦缎,将玉杯放在上面使用。

有一次,官员宴请一些下级同僚。喝到酒酣耳热之际,大家的举止不免变得粗犷起来。一位同僚在劝酒时,失手将玉杯碰落在地,这对宝贝顿时化作满地碎片。在座的人都惊呆了,那个冒失鬼更是吓得跪在地上,请求治罪。

这位官员神色不动,毫无惋惜之意,好像刚才摔碎的不过是一只原本想要扔掉的破饭碗。他笑着对宾客们说:“大凡宝物,是成是毁,都有定数,该有时它就来了,该失去时,谁也保不住。”

他说这番话时,心里有一种如释重负的感觉。因为他忽然发现,他以前过于珍爱这对玉杯了,正是“心为物役”的表现。如今玉杯碎了,他的心灵也同时获得了自由。虽然他并不感激那个冒失鬼,但也没有痛恨的感觉。他转过脸,和颜悦色地对跪在地上请罪的这位同僚说:“你偶然失手, 又不是故意的,有什么罪呢?”

事后,朝中上下无不称道这位官员气度非凡,有宰相之量。后来,他果然成为宰相。他就是与范仲淹齐名的北宋名相韩琦。

韩琦的故事告诉我们只有放下得失,才能获得成功。我们要明白,只有抛弃患得患失的心理,才能让我们成就一番大事业。为什么我们就不能放下得失之心,淡定从容地面对生活呢?

真正的平常心其实就是享受生活中的平凡和简单。我们能把心态放平稳,不被外界的是非干扰,就是拥有一颗真正的平常心。

有一首《什么歌》,写得很不错,而且也很有哲理。

今日不知明日事,愁什么?

不礼父母礼世尊,敬什么?

兄弟姐妹皆同气,争什么?

儿孙自有儿孙福,忧什么?

岂有人无得运时，急什么？
人世难逢笑口开，苦什么？
补破遮寒暖即休，摆什么？
食过三寸成何物，馋什么？
死后分文带不去，吝什么？
前人田地后人收，占什么？
得便宜处失便宜，贪什么？
荣华富贵眼前花，傲什么？
他家富贵因缘定，妒什么？
赌博之人无下梢，耍什么？
治家勤俭胜求人，奢什么？
冤冤相报几时休，结什么？
世事如同棋一局，算什么？
聪明反被聪明误，巧什么？
虚言折尽平生福，慌什么？
是非到底见分明，辩什么？
定在人心不在山，谋什么？
一旦无事万事休，忙什么？

小事都做不好，谁还指望您做大事？

浮躁是一种不健康的心态，如果人浮躁了，就会终日处在一种又忙又烦的应急状态中，脾气会变得暴躁，神经会非常紧绷，而且最后往往会导致被生活的急流所裹挟。

浮躁者形如山间之竹笋——嘴尖皮厚腹中空。想要改变这样的形象和命运，就必须记住“欲速则不达”。

要明白心情浮躁于事无补。《管子·心术》曰：“毋先物动，以观其则。动则失位，静乃自得。”意思是：不先物而动，就可以观察事物的运动规律。动则失掉主导地位，静可以自然地把握事物的运动规律。

重是轻的基础，静是躁的主宰。这就好像是圣人要终日行不离辎重。就像我们周围有的人出门走路，总喜欢手上抓一样东西才觉得心里踏实。如果是两手空空，就那样甩来甩去的话，就会总觉得自己好像缺了点什么似的。这就是为什么有的人即使不带包或公文袋，也一定要抓一本书或刊物，这样才会才觉得踏实，觉得安心。

浮躁是一种不可取的生活态度。不管我们做什么，都来不得半点浮躁。因为人一旦浮躁了，我们的价值取向和行为规范就会发生倾斜，严重的时候可能会发展到人格扭曲的地步。如果变成这样的话，不但解决不了任何问题，还会产生另外的更多的问题。

荀子在《劝学》中说：“蚯蚓没有锐利的爪牙，强壮的筋骨，却能够吃到地面上的黄土，往下能够喝到地底的黄泉水，源自它用心专一，螃蟹有八只脚和两个大钳子，它若不靠蛇鳝的洞穴，就没有寄居的地方，原因就在于它浮躁而不专心。”由此可见我们必须坚定地拭去心灵深处的浮躁，才能成就大事。

浮躁已经遍布社会的方方面面了，成了现代人的一种通病。现在的社会上，学生不刻苦读书，老师不认真教学，学者剽窃他人之作等等问题层出不穷。浮躁的人会因为自己内心各种欲望的蠢蠢欲动而很难让自己平静下来。严重的时候还会影响我们生活的品质，并且会成为我们取得成功、获得幸福和快乐的绊脚石。所以当我们拭去心灵深处的浮躁，才能得到幸福和快乐。

浮躁者们一心想成就大事，非常不屑于一些琐碎的小事情。这正是他们失败的原因所在。汪中求先生曾在他的《细节决定成败》中说过：“中国目前绝不缺少雄韬伟略的战略家，缺少的是精益求精的执行者；想做大事的人很多，但愿意把小事做细的人很少。”但是浮躁者们不明白“不知跬步，无以至千里；不积小流，无以成江海”的道理。如果我们连小的事情都做不好的话，我们怎么样才能成就大事呢？

《世说新语》上有一个这样的故事：三国时华歆与管宁是同窗好友，但性格迥异。华歆浮躁，管宁沉静。管宁和华歆一起锄菜园子，掘出了一块金子，管宁如同没见到一样，照常干活；华歆将金子拿到手里看了看，然后扔掉了。管宁和华歆一起同席读书，门外边有官员的仪仗喧哗而来，管宁听而不闻照样念书，华歆则放下书跑出去看热闹去了。等华歆回来，管宁已经将坐席割开，表示志趣不同，要和华歆分座。这就是著名的“割席绝交”。后来华歆入世，位极人臣，也发奋读书，有所成就，但世人多认为其恐怕是受了“割席”的影响。

浮躁的人在工作上眼高手低，敷衍了事；在学习上一知半解，囫囵吞枣。要知道浮躁只会耽误自己的前途，拭去浮躁才能专心做好事情。所以说无论是在学习上还是在工作中，我们都应该脚踏实地，循序渐进。俗话说得好，劝君做事要专心，处安勿躁好成事。

当我们遇到困难的时候，切记不要心浮气躁，当我们能够真正认识到自己遇到的难题其实只是我们生活的一部分的时候，我们就会明白这些困难的存在根本不能作为衡量幸福的标准。只有这样我们才能成为幸福和自由的人。当我们心情不好的时候，就会看到什么都觉得不顺眼，做什么事情都不顺手，我们一定要拭去自己内心的浮躁，始终保持一个好心情，因为只有心情好了，才能神清气爽，如沐春风，我们做事情才能得心应手。

诸葛亮在《诫子书》中有这样一段话："夫君子之行，静心修身，俭以养德。非淡泊无以明志，非宁静无以致远。"诸葛亮在此告诫我们：在紧张的时空中，面对有形无形的压力，静下来可使头脑清醒，深谋远虑，鉴天地之精微、察万物之规律，把握大势，运筹于帷幄之中，决胜于千里之外。

浮者，根基不牢也；躁者，耐性不足也。浮躁之人，是因为对人生信念的不明晰，对生活真谛的不了解。尽管可能整日忙忙碌碌，实际上却是莫名其妙。从本质上来说，浮躁正是一种无所适从的生活状态。

因此，我们必须拭去心灵深处的浮躁。静下心来，卸下心灵的负担。只有这样，我们才能迎来成功的希望。

以平常心观不平常事，则事事平常

人活一世，短短数载，与人相处，应该做到时刻保持一颗平常心。就像《道德经》中所说的："企者不立。"意思就是，当一个人踮起脚尖去争高的时候，其实也高不了多久，而且还会因此被别人看低自己的能力与身份。我们一定要明白这个道理，才不会在被人尊敬时忘乎所以，也不会在受人轻视时愤愤不平，自然而然地我们的度量也就会大起来了。所以说要是以平常心处世，人生何处不春风。

清朝有一位官员叫谢济世，他一生坎坷，曾经四次被诬告，三次入狱，两次被罢官，还有一次充军，一次刑场陪斩。他的这些遭遇让我们认定他的人生一定是充满了抑郁和幽怨，事实却恰恰相反。

雍正四年(1726年)，谢济世任浙江道监察御史。上任不到十天，便因上疏弹劾河南巡抚田文镜营私负国，贪虐不法，引起了雍正的不快。他被免去官职，谪戍边陲阿尔泰。与谢济世一同流放的还有姚三辰、陈学海，经过漫长艰难的跋涉，他们终于到达了陀罗海振武营，三人商量着去拜见将军。这时有人告诉他们：戍卒见将军，要一跪三叩首。姚三辰、陈学海二人听后觉得很是凄然，自己身为一个读书人竟然要向人下跪磕头，这样的大礼实在让人心情难过。谢济世倒不以为意，劝慰两个同伴说："这是戍卒见将军，又不是我们见将军。"二人一想，说得也是有理，三人便一起去见将军。

一见面，将军对这三个读书人很尊重，不仅免去了大礼，还尊称他们为先生，赐座赏茶。姚三辰、陈学海觉得得到了不错的待遇，很是高兴，不禁露出得意的神色，谢济世却还是不以为然。他说："这是将军对待被罢免的官员，并不是将军对待我，没什么好高兴的。"

马祖道一禅师曾说过："平常心是道，无造作，无是非，无取舍，无断常，无凡无圣。只今行住坐卧，应机接物，尽是道。"景岑禅师所理解的平常心是"要眠即眠，要坐即坐；热即取凉，寒即取火"，这句话所表现出的是一种没有矫饰、超然物外、清净自然的生活态度。从这儿可以看出，对于生活我们顺其自然，与世俗名利断开，才能做到荣辱不惊，安之若素。

慧能大师说过："本来无一物，何处染尘埃。"他的这种超然物外、超越自我的境界很好地诠释出平常心是一种境界。他们不是"看破红尘"，更不是消极遁世，是一种积极的心态，以平常心观不平常事，则事事平常，无时不乐也无时不忧。真正的平常心其实就是享受生活中的平凡和简单，只要心态能放平稳，不被外界的动乱所干扰，那么终有一天我们能成大事。

晋朝时期的王湛，就是一个很懂得隐藏自己的人。他平时不言不语，从不表现自己，别人有什么对不起他的地方，他也从不去计较，也正因此很多人都轻视他，认为他是个大傻瓜，连他的侄子王济也瞧不起他。

吃饭的时候，明明桌子上有许多好菜，王济一点都不客气，好鱼好肉都不让这位叔叔吃。王湛一点都不生气，吩咐王济给他点蔬菜吃，可王济又当着他的面把蔬菜也吃光了。这要是放在一般人的身上恐怕早就发怒了，但是王湛还是不言不语，脸上没有一点生气的表情。

直到有一天，王济偶然到叔叔的房间里，见到王湛的床头有一本《周易》，这是一本很古老很晦涩的书，一般人是很难读懂的。在王济眼里，这位“傻”叔叔怎么可能读得懂这样一部书呢？他觉得肯定就是放在那里做做样子，于是就问王湛：“叔叔把这本书放在床头干什么呢？”王湛回答：“闲暇无事的时候，坐在床头随便翻翻。”

王济心里非常疑惑，便故意请王湛给他说说书中的一个内容。王湛分析其中深奥的道理，居然深入浅出非常中肯，讲得精炼而趣味横生，有些地方恐怕连当时最有名的学者都比不上。

王济从来没有听到过这样精妙的讲解，心中暗暗吃惊，于是留在叔叔的住处向他请教，接连好几天都不愿回去。经过接触和了解，他深深感觉到，自己的知识和学识跟这个“傻”叔叔相比，简直差了一大截。他惭愧地叹息道：“我们家里有这样一位博学的人，可我这么多年来却一点都不知道，真是一个大过错啊！”几天后，他要回家了，王湛又非常客气地送他到大门口。后来又发生几件事情，让王济对这位叔叔更加刮目相看。王济有一匹性子很烈的马，特别难骑，就问王湛：“叔叔爱好骑马吗？”王湛说：“还有点爱好。”说着一下子就上了这匹烈马，姿态悠闲轻巧，速度快慢自如，连最善骑马的人也无法超越他。王济又一次惊呆了。王济对他平时骑的马特别喜爱，王湛又说：“你这匹马虽然跑得快，但受不得累，干不得重活。最近我看到督邮有一匹马，是一匹能吃苦的好马，只是现在还小。”王济就将那匹马买来，精心喂养，想等它与自己骑的马一样大了，就进行比试，看叔叔说的是否正确。将要进行比试的时候，王湛又说："这匹马只有背着重物才能体现出它的能力，而且在平地上走显不出优势来。"王济就让两匹马驮着重物在有土堆的场地上比赛。跑着跑着，王济的马渐渐落后了，过了一会儿居然摔倒了，而督邮的马还像平常一样，走得稳稳当当。

通过这些事情，王济从内心深处佩服叔叔的学识和才能，知道他不仅学识渊博，在骑马、相马方面也很精通，不知道还有多少知识隐藏起来呢。回到家后，他对父亲说："我有这样一位好叔叔，各方面都比我强多了，可我以前一点也不知道，还经常轻视他、怠慢他，真是太不应该了。"

当时的皇帝武帝也认为王湛是个傻子。有一天，他见到王济，就又像往常一样跟他开玩笑，说："你家里的傻叔叔死了没有？"要是在过去，王济会无话可答或者配合皇帝的玩笑，可这一次，王济却大声回答说："我叔叔其实根本就不傻！"接着，他就把王湛的才能学识一五一十地讲出来，武帝半信半疑，后来经过考察，发现王湛确实是个人才，于是封他当了汝南内史。

智者为人，心平气和，荣辱不惊。《幽窗小记》里面有这样一副对联：宠辱不惊，看庭前花开花落；去留无意，望天空云卷云舒。意思是说与人交往，能视宠辱如花开花落般平常，才能不惊；视职位去留如云卷云舒般变幻，才能安之若素。一个人如果有了这样一种心境，就能对大悲大喜、厚名重利看得很小很轻很淡，自然也就很容易做到荣辱不惊，安之若素了。

所有的伟大思想都是在散步中产生的

在我们的生活中,压力无处不在,为了能够适应这个快节奏的社会,我们把自己变成了一颗颗的螺丝钉,始终围绕着现代社会这个大机器不停地飞速旋转,让自己的身心始终承载着巨大的负荷。因此我们要学会减压,给自己,也给生活加点“放松”剂。

我们终日被工作日程表束缚,上面记满了我们每天必须要做的事情,它占据了我们生活的重心,而当我们稍微放松的时候,又被电视、电影、电脑游戏等娱乐活动所淹没,这样的我们根本就没有一点自己独立思考的时间。所以说,要在适当的时候,学会减压,给自己的生活加点“放松”剂。只有这样,我们才不会被压力所压倒。

想到之前网上讨论热烈的“过劳死”,心里不禁一阵不寒而栗。的确现代社会的竞争日益激烈,生活节奏也越来越快了。可是越是这样,我们就越应该学会给自己减压,要知道人的生命只有一次,不能为了生活就丢掉生命中的所有幸福和快乐,这样是非常划不来的,也是万分可惜的。

美国倡导简单生活的专家爱琳·詹姆斯过去作为一个作家、一个投资人和一个地产投资顾问,在这些领域努力奋斗了十几年。有一天,她坐在自己的办公桌前,呆呆地望着写满密密麻麻事宜的日程安排表。突然,她意识到自己再也无法忍受这张令人发疯的日程表了。自己的生活已经变得太复杂了,用这么多乱七八糟的东西来塞满自己清醒的每一分钟,这简直就是一种疯狂愚蠢的生活。就在这个时候,她做出了一个决定:她要开始抛开那些无谓的忙碌,多给自己一点时间,给自己的生活加一点放松剂。

因此，她着手开始列出一个清单，首先把需要从她的生活中删除的事情都排列出来。接着，她采取了一系列大胆的行为：先是取消了所有电话预约。其次，她停止了预订的杂志，并把堆积在桌子上的所有读过、没有读过的杂志全部清除掉。她注销了一些信用卡，以减少每个月收到的账单函件。通过改变日常生活和工作习惯，她的房间和庭院的草坪变得更加整洁。她的简化清单总共包括八十多项内容。

爱琳·詹姆斯说："我们的生活已经变得太复杂了。在我们这个世界的历史进程中，从来没有像我们这个时代拥有如此多的东西，我们已经使得自己对尝试新产品都感到厌倦了。许多人认为，所有这些东西让他们沉溺其中并且心烦意乱，因为它们已经使得我们失去了创造力。

因为受习惯的生活方式的影响，你每天有多少活动是不得不勉强去做的？追求舒适的习惯和烦琐的例行公事是否让你的日常生活落入浪费时间、浪费精力的陷阱？其实减少那些程式化的活动，并不会因此减少快乐的机会。

习惯驱使我们去做所有这些日常琐事。我们总是担心如果不去做，就会失去某些东西。其实，也许我们的确会失去些东西，但是这没什么不好，我们还是好好地活着。不仅仅是活着，而是活得更潇洒了，因为我们再也用不着试图去做所有的事情。看看那些对人类的艺术领域、音乐领域、科学领域做出过卓越贡献的人，如毕加索、莫扎特、爱因斯坦，这些人都生活在极为简单的生活之中。他们全神贯注于自己的主要领域，挖掘内在的创造源泉，因此获得了丰富精彩的人生。

当我们在忙碌工作的时候，要学会适当的停一下，分析一下，就会发现有些东西是不需要的，多余的，需要我们放弃，丢掉那些东西，我们才会有更多的时间和精力专心地去做我们希望做的事情。

尼采曾经说过，所有的伟大思想都是在散步中产生的。在生活中一些细小的行为就能让你感到轻松舒适，散步就是其中最好、最简单，也是最廉价的一种。所以，让我们给自己的生活加点儿放松剂，不需要浪费什么时间精力，只要顺着自己的心去做，我们就能获得我们想要的。

不要给自己太多的压力，让自己整日惶惶不安，拼命地工作，要知道不论你怎么做，压力都是一直在那里的。既然压力是不可避免的，那么我们就不要一味地承受，毕竟我们要过的是一种健康丰富的人生。所以，适时让自己停一下，放下压力的重担，学会给自己的生活加点儿放松剂，只有这样我们才能自信而愉快地生活。

第二章

在不确定的世界里寻找确定的自己

三餐一宿，何必要占有那么多

俗话说：人为财死，鸟为食亡。可见，贪婪是人性的一大弱点。原本我们一生下来是赤条条无牵挂的，但是随着我们自己的贪婪之心越来越膨胀，我们自己背负的越来越多，最终导致我们因为负担过重而再也回不到最初的轻松快乐，也就再也无法实现当初预期的奋斗目标了。

贪婪的欲望会让我们落入他人设好的圈套，从此身不由己，说着言不由衷的话，做着违背自己意愿的事，轻则狼狈不堪，重则身败名裂，深陷囹圄，悔之晚矣。

贪婪是一种永无餍足的心理，贪婪蒙蔽我们的双眼，使我们再也看不到一些利害关系，最终导致我们被自己的贪婪之心所埋没。“如果你一直觉得不满足，那么即使你拥有了整个世界，一天也只能吃三餐，一次也只能睡一张床。”那么何必呢？我们何必要占有那么多呢？贪婪只会使我们失去单纯和快乐。所以说，贪婪是愚蠢的，是不可取的生活方式。

在我们的历史上，有多少功成名就的英雄豪杰们因为迷恋权位而走向自我毁灭的深渊。他们为了能够坐上高位，不惜牺牲自己的良知，违背自己的信仰，陷害忠良，用金钱铺平自己通往高处的道路。这个时候，在他们的眼中，权力是实现自我价值的最重要的工具，所以他们贪恋权柄，集大权于一身，就是不肯轻易松手。这样做其实是非常愚蠢的。他们不知道过于贪权的害处，抑或是已经知道了贪权的害处，但是他们已经疯狂了，执迷不悟地占有着权势，却不知道败亡之祸也已经要来临了。

古人云：“贪如火，不遏则燎原；欲如水，不遏则滔天。”生活在这个物欲横流的社会里，身边穿梭行走的都是一些为名利四方奔走的人，导致我们时常被欲望之绳牵引。当然一个人存在某些合理的欲望是很正常的，但是如果贪欲过度，心术不正，被贪欲所困，就会做出违背道德和法律的一些事情，做事不择手段，不顾后果，最后走向堕落和毁灭的深渊。所以做事要适可而止，贪多必失。

几个人在岸边垂钓，旁边有游客在欣赏海景。只见一名垂钓者竿子一扬，钓上了一条大鱼，足有三尺长，落在岸上后仍腾跳不止。可是钓者却用脚踩着大鱼，解下鱼嘴内的钓钩，顺手将鱼丢进海里。

周边围观的人响起了一阵惊呼声，这么大的鱼还不能令他满意可见垂钓者雄心之大。就在众人屏息以待之际，钓者的鱼竿又是一扬，这次钓上的是一条二尺长的鱼，钓者仍是不看一眼，顺手扔进海里。

第三次，钓者的钓竿再次扬起，只见钓线末端钩着一条不到一尺长的小鱼。围观的众人以为这条鱼也肯定会被放回大海。不料钓者却将鱼解下，小心翼翼地放回自己的鱼篓中。

游客百思不得其解，就问钓者："为何舍大而取小？"想不到钓者的回答是："喔，因为我家里最大的盘子只不过有一尺长，太大的鱼钓回去，盘子装不下。"

做人应该像这位钓鱼者一样，找到适合自己的，不是一味地贪多，而是懂得把握一个度。欲望是没有止境的，如果不懂得把握一个度，而是一味地贪得无厌，就会带来无尽的灾难，甚至会毁了自己。

有一株长在沙漠里因干旱而濒临死亡的巨型仙人掌，一次天降大雨，它疯狂地将自己的根向四周延伸，贪婪吸收生命的甘露，似乎要将沙漠里积存的水全部吸入自己的体内。不一会儿，仙人掌就在雨水的滋润下迅速膨胀，在极短的时间里便挺立成沙漠里的"巨人"。但是就在仙人掌刚想舒展身姿时，它突然感到脚底仿佛失去根基，一下子栽倒在地。不是因为沙漠松软的沙粒，也不是因为风雨过大，而是因为过多吸收了水分使它的生命已不堪重负，它还没来得及舒展的根须无法承载极度膨胀的躯体。

仙人掌的故事告诉我们，即使是面对自己需要的东西，也不能过度贪婪。把握一个度，才能不使自己粉身碎骨。"祸莫大于不知足，咎莫大于欲得。"贪婪往往是祸患的根源。

如果把人生比作一次远行，那么财富就是我们的食粮，不可以没有，也不可过多。没有，会令我们饥饿难耐；过多，则会耽误我们的行程，而且还可能给我们带来危险。所以，我们取财要有度，适可而止最好。

富裕和肥胖没什么两样，也不过是获得超过自己需要的东西罢了

周国平曾说过："做金钱的主人，关键是戒除对金钱的占有欲，抱一种不占有的态度。也就是真正把钱看作身外之物，不管是已到手的，还是将到手的，都要与之拉开距离，随时可以放弃。只有这样，才能在金钱面前保持自由的心态，做一个自由的人。凡是对钱抱占有心态的人，他同时也就被钱占有，成了钱的奴隶，如同希腊哲学家彼翁在谈到一个富有的守财奴时所说："他并没有得到财富，而是财富得到了他。""

要知道，我们是金钱的主人，并不是金钱的奴隶。金钱够生活就可以了，不要过多，过多只会带来争吵和不幸，更是不可能带来幸福的。

利奥·罗斯顿曾是美国最胖的好莱坞影星。1936年在英国演出时，因心肌衰竭被送进汤普森急救中心。抢救人员用了最好的药，动用了最先进的设备，仍没挽回他的生命。临终前，罗斯顿曾绝望地喃喃自语："你的身躯很庞大，但你的生命需要的仅仅是一颗心脏！"

罗斯顿的这句话深深触动了在场的哈登院长。作为胸外科专家，他流下了泪。为了表达对罗斯顿的敬意，同时也为了提醒体重超常的人，他让人把罗斯顿的遗言刻在了医院的大楼上。

1983年，一位叫默尔的美国人也因心肌衰竭住进医院。他的石油公司因两伊战争而陷入危机。为了摆脱困境，他不停地往来于欧亚美之间，最后旧病复发，不得不住院。

他在汤普森医院包了一层楼，增设了五部电话和两部传真机。当时的《泰

晤士报》是这样报道的：汤普森——美洲的石油中心。

默尔的心脏手术很成功，他在这儿住了一个月就出院了。不过他没回美国。苏格兰乡下有一栋别墅，是他十年前买下的，他在那儿住了下来。1998年，汤普森医院百年庆典邀请他参加。记者问他为什么卖掉自己的公司，他指了指医院大楼上的那一行金字。不知记者是否理解了他的意思。总之，在当时的媒体上没找到与此有关的报道。后来人们在默尔的一本传记中发现这么一句话："富裕和肥胖没什么两样，也不过是获得超过自己需要的东西罢了。"

拥有更多的财富是很多人的目标，财富的多寡，也成了衡量一个人才干和价值的尺度。当一个人被列入世界财富排行榜时会引起多人的羡慕，然而对于个人来说，过多的财富是没有用的，除非你是在为社会创造财富，并把多余的财富贡献给了社会。

但丁说过，拥有便是损失，财富的拥有超过了个人所需的限度，那么拥有更多，损失就越多。

培根说过："不要追求显赫的财富，而应该追求你可以合法地获得的财富，清醒地使用财富，愉快地施予财富，心怀满足地离开财富。"

这些全都告诉我们一句话：不要做金钱的奴隶！

你不是拥有的太少，而是想要的太多

古语有云："天下熙熙，皆为利来，天下攘攘，皆为利往。"也有人说：利欲熏心。权力和利益往往会使得天下苍生为之搏命。在我们的生活中有的人为了获利会选择不择手段，有的人为了贪图小利会选择丧失气节。这些所作所为只不过是为了一个"利"字。要时刻谨记只有抵制了诱惑，控制了物欲，战胜了恐惧，拒绝了诡计，人生才会成功。

现在社会越来越多的高薪族经常感到没钱，也经常借钱，挣得不少，花得更多。有钱时他们什么都敢玩，什么都敢买，没钱时便一贫如洗，艰难度日。拿着丰厚的薪水，却打起贫穷的旗号，这就是诞生于写字楼里的"穷人"。这个"家庭"的成员大都较为独立，其中又以单身年轻人为多。他们可以无牵无挂地花钱购物、玩乐，过"有上顿没下顿"的生活。花钱对于他们来说，带来的是"快乐的感觉"。

学会花钱，也是我们获得快乐生活的一个必要条件。要知道，在这个世界上最会赚钱的人，无不是最会花钱的人。小气，并不是讽刺，这是有钱人的看家本领，精打细算，物有所值，这才是大富翁的真正风度。

百万富翁斯坦利认为，能紧紧控制住钱是致富的关键，那些高收入者不会积攒钱财，总是把钱花在一些没有价值的东西上，正因为如此，他们统统都被拒绝在财富之外。斯坦利说："事实上，你没有必要一定要戴一只价值五千美元的手表，没有必要去坐豪华小轿车。"他举了一个例子，福特轿车被美国的百万富翁喜爱，原因是价格适中。有位百万富翁获悉他的朋友们计划在他六十五岁生日时送给他一辆劳斯莱斯牌小轿车后，他很快通知他的朋友千万不要如此。这位百万富翁说："这是与我的生活风格极不相配的。如果你拥有这样一辆车，你一定换掉你的房子，一定去买套相称的家具，一定更换一切与这不相称的物品，着实打扮自己。”

由此我们可以得到一个道理：只有控制好我们自己的物欲，才能离成功更进一步。“祸莫大于贪欲，福莫大于知足”，不要把自己看得太重，欲求不得时，不妨退一步，这样才能获得更快乐的生活，所以说节制欲望何尝不是一种幸福，海阔天空也不过如此而已。

我们在生活中常常会因为贪婪而犯傻，就好像是突然失去了理智，什么蠢事都干得出来。所以说，不管在任何时候，我们一定要有自己的主见，不要被事物的假象所迷惑，学会控制自己的欲望。

有一个原本生活得很快乐的猎人，有一次，他捕获了一只能说话的鸟。

“放了我吧，”这只鸟说，“我将给你三条人生忠告。”

“先告诉我，”猎人回答道，“我发誓我会放了你。”

鸟说：“第一条忠告是，做过的事不要后悔；第二条忠告是，如果有人告诉你一件事，你自己认为是不可能的就别相信；第三条忠告是，当你做一件事力不从心的时候，别费力勉强去做。”

然后鸟对猎人说：“该放我走了吧。”猎人依言将鸟放了。

这只鸟飞起后落在一棵大树上，并向猎人大声喊道：“你真愚蠢。你放了我，但你并不知道我的嘴中有一颗价值连城的大珍珠。正是这颗珍珠使我这样聪明的。”

猎人很后悔，于是想再一次捕获这只鸟，他跑到树跟前开始爬树。当他爬到一半的时候，已经筋疲力尽了，但是为了得到那颗价值连城的珍珠，还是拼命地往上爬。结果掉了下来，摔断了双腿。鸟嘲笑他道：“笨蛋！我刚才告诉你的忠告你全忘了吧。我告诉你，一旦做了一件事情就别后悔，而你却后悔放了我。我告诉你如果有人对你讲你认为是不可能的事的话就不要相信，而你却相信像我这样一只小鸟的嘴中会有一颗很大的珍珠。我告诉你如果你做一件事情力不从心的时候，就不要费力勉强了，但是你为了追赶我勉强自己爬上这棵树,结果掉下去摔断了双腿。"

"有句箴言说的就是你:对聪明的人来说,一次教训比蠢人受一百次鞭挞还深刻。"说完,鸟就飞走了。

有的时候我们不是拥有的太少,而是想要的太多。想要的多那就必须付出更多的努力去奋斗,如此循环下去,我们就会一点一滴地丧失掉我们原本拥有的幸福生活。所以,我们一定要学会控制住自己的欲望,只有这样人生才会成功。

生活是不会累人的,累的是你的非分之想

古语有曰:一念之欲不制,而祸流于滔天。意思是说一个人如果被欲望支配,成为欲望的奴隶,色迷心窍,物欲横流,便会滋生出邪思妄念,十有八九要走上邪路。

有一位禁欲苦行的修道者,准备离开他所住的村庄,到无人居住的山中去隐居修行。他只带了一块布当作衣服,就一个人到山中居住了。

后来他想到当他要洗衣服的时候,需要另外一块布来替换。于是他就下山到村庄中,向村民们乞讨一块布当作衣服,村民们都知道他是虔诚的修道者,于是毫不犹豫地就给了他一块布。

当这位修道者回到山中之后,他发觉在他居住的茅屋里有一只老鼠,常常在他专心打坐的时候来咬他那件准备换洗的衣服,他早就发誓一生遵守不

杀生的戒律，因此他不愿意去伤害那只老鼠，但是他又没有办法赶走那只老鼠，所以他又回到村庄中，向村民要一只猫来饲养。

得到了一只猫之后，他又想到："猫要吃什么呢？我并不想让猫去吃老鼠，但总不能跟我一样只吃一些水果与蔬菜吧！"于是他又向村民要了一只乳牛，这样那只猫就可以靠牛奶为生了。

但是，在山中居住了一段时间以后，他发觉每天都要花很多的时间来照顾那只乳牛，于是他又回到村庄中，找到了一个单身汉，他带着这无家可归的单身汉到山中居住，帮他照顾乳牛。

那个单身汉在山中居住了一段时间之后，跟修道者抱怨说："我跟你不一样。我需要一个太太，我要正常的家庭生活。"

修道者想一想也有道理，他不能强迫别人一定要跟他一样，过着禁欲苦行的生活……

这个故事如果按照这样发展下去，很有可能用不了多久，整个村庄都要搬到山中去了。原来要禁欲修行，却因为这样那样的欲念打乱了自己的清修，这心又怎么能平静下来呢？

所以说我们要想赢得快乐就必须放下欲念，因为欲望是没有满足的时候的。如果我们为欲望左右，那就只能为此而受折磨，岂不是得不偿失？人一旦有了贪欲，就永远不会满足，不满足就会感到欠缺，就高兴不起来了，更可能连本可以得到的也失去。

曾经有一个贪心的人去拜访一位部落首领，想要块领地。首领说："你从这向西走，做一个标记，只要你们在太阳落山之前走回来，从这儿到那个目标之间的地就都是你的了。"太阳落山了，这个人没有回来，因为走得太远了。如果这个人没那么贪心，如果他懂得放下自己的欲望，在自己的能力范围之内走回来，那就不会失去得到一块土地的机会。

我们要明白：生活是不会累人的，累的是我们自己的身心，确切地说是我们的欲望太多，欲望过多就会导致我们在追求的路上疲惫不堪。我们的人生会遇到各种各样的诱惑，如果我们不能放下欲望，那么就只能在诱惑的漩涡中丧生了。

当我们被自己的欲望压得喘不过气来的时候，应该想想，我们是不是应该放下自己的欲望，从而让自己活得轻松点。也许你会不甘心地说："我已经追求了那么久了，怎么能放下？放下之后我可能就一无所有了。"

不可否认放下欲望会带来疼痛，毕竟那也是一种割舍。但是要知道，我们本来就是赤条条来到这个世界上的，财物是生不带来，死不带去的东西。因此，我们不用再担心什么。放下自己的欲望，让自己能够回归自然的生活方式，不让欲望成为阻碍我们获得快乐的枷锁。

想要获得快乐就必须放下欲望，这就像是鱼和熊掌，二者不可得兼。我们想要一样东西就必须放下另外的那件东西。欲望是永远填不满的沟壑，一旦深陷就失去了原有的开心和快乐。因此，我们要学会放下欲望，只有这样，我们才能迎来属于我们自己的单纯的快乐。

无形的财富比有形的财富更重要

"金钱至上"已成为当今社会越来越多的人的信仰，它几乎要上升为一条"有钱才会有快乐"的真理，于是乎有很多的人开始动摇自己的快乐价值观了。一部分人的狭隘观念便控制了大多数人的喜怒哀乐，虽然他们的理论并没有什么科学依据。

有调查显示，被《福布斯》杂志列为美国最富有的四百人的平均快乐指数为5.8，而肯尼亚的游牧民族马赛人生活在简陋肮脏的草棚内，没有电也没有自来水，几乎没有奢侈品，按金钱至上的理论他们都应该过着非常不幸的生活，但事实上他们的快乐指数也达到了5.8。

不能否认，金钱是我们生活中的一个重要元素，但它绝不是我们的最终目标，也不是我们的保护神和幸福的源泉，它只是我们的生活工具。所以说，别让那些宣传语改变了我们原本快乐的心情。我们一定要坚持我们自己的个性，重新感受自己的内心，了解到底什么才会让我们自己真正拥有发自内心的快乐。在为金钱奔命的时候，不妨问问自己，难道我们一生的意义就是比谁拥有更多人类自己制造的钱币吗？

答案当然是：不是，我们的生活中可以有很多的快乐，这在于我们如何聪明地使用金钱和看待它，而不是我们有多少钱。

心理学家研究发现：在影响幸福的各种因素中，金钱只是起到1/5的作用，在构成美好生活的成分中，它所起的作用则是1/6。一旦人们解决了温饱问题，拥有了食物、衣服、房屋之类的基本生活需求，快乐的源泉就在于有意义的活动和丰富的人际关系等因素，这些都与金钱无关。支持这项结论的还有密西根大学的一项调查结果：无形的财富比有形的财富更重要。

在巴拉圭有一对即将结婚的情侣，因为中了一张七万五千美金的“高额奖券”而高兴得大喊大叫、相互拥抱。

可是，这对马上要结婚的新人，在中奖后的第二天，就为了“谁该拥有这笔意外之财”闹翻了。两个人大吵一架，甚至不惜撕破脸皮，闹上了法庭。为什么呢？因为这张彩券当时握在未婚妻手中，未婚夫气愤地告诉法官：“那张彩券是我买的。后来她把彩券放入她的皮包内，我也没说什么，因为她是我的未婚妻嘛！可是，她竟然这么无耻、不要脸，居然说彩券是她的，是她买的！”

这对未婚夫妻在公堂上大声吵闹，各说各的理，丝毫不妥协，让法官伤透了脑筋。最后，法官下令，在确定“谁是谁非”之前，彩券的发行单位暂时不准发放这笔奖金。而这对原本要结婚的佳偶，却因争夺奖券的归属而变成冤家，最后双方决定取消婚礼。这样的结果不禁让人感慨万千。

由此我们可以看出，金钱在有的时候不仅不能带给我们快乐，还会给我们带来灾难。这表明，当人们的收入超出了基本需求和他们所期望的时候，多出来的金钱便会给他们带来负面的影响。

席慕蓉曾说过，金钱是一种有用的东西，但是，只有在你觉得知足的时候，它才会带给你快乐，否则的话，它除了给你烦恼和妒忌之外，毫无任何积极的意义。

除非你知足，否则你怎么都不会满足

陈毅在他的《感事书怀·七古·手莫伸》中写过这样一段话："手莫伸，伸手必被捉。党与人民在监督，万目睽睽难逃脱。汝言惧捉手不伸，他道不伸能自觉。其实想伸不敢伸，人民咫尺手自缩。岂不爱权位，权位高高耸山岳。岂不爱粉黛，爱河欲尽犹饥渴。岂不爱推戴，颂歌盈耳神仙乐。第一想到不忘本，来自人民莫作恶。第二想到党培养，无党岂能有所作？第三想到衣食住，若无人民岂能活？第四想到虽有功，岂无过失应惭怍。吁嗟乎，九牛一毫莫自夸，骄傲自满必翻车。历览古今多少事，成就谦逊败由奢。"

要懂得，"身外物，不贪恋"，知足才能常乐，才能免除恐惧和焦虑。把自己从贪婪的精神桎梏中解放出来，活得轻松，过得自在。

小镇上有一位五金店老板，每天总是乐呵呵的。他经营了小店多年，有了点小积蓄，但是对钱看得很淡，从来就不关注自己的店里每天到底卖了多少东西，也从不去计较每天赚了多少利润。

他有个儿子做会计师，不止一次地建议父亲记账，并养成定期盘点的习惯，可父亲总是不听。这一天，儿子又对父亲说："爸爸，我实在搞不清您是怎么做买卖的！您从来都不记账，根本无法知道自己赚了多少钱，现在我已经做了会计师，我想我可以给您设计一套现代化会计系统，好吗？"

老板说："孩子，我想这些完全没有必要。想当年我创业的时候，只有一身衣服和一百多块钱。后来我开始做点小生意，辛勤工作攒下点钱后，开了这家五金店，现在我又把你和你姐姐抚养成人。我和你妈妈有一所挺不错的房子，还有两部汽车。如果用我的记账方法来算，我现在拥有的一切一项一项都加起来，除去那一身衣服和一百多块钱，剩下的全部都是利润。"

儿子听了父亲的话，有所感悟，不再说什么了。

故事中的这位父亲的记账方法要好过所有精确的计算法，这份知足常乐的悠然，把他从纷繁世事中解脱出来。很多人认为知足常乐，就是不思进取，不知上进，其实是他们误解了知足的概念，知足常乐并不是一种怯懦的表现，而是一种淡然的处世态度，一种高雅的道德修养。老子说过："罪莫大于可欲，祸莫大于不知足；咎莫大于欲得。故知足之足，常足。"就是说罪恶没有大过放纵欲望的，祸患没有大过不知满足的，过失没有大过贪得无厌的了。所以，知道满足的人，永远都是幸福和睿智的。

贝蒂·戴维斯在她的回忆录《孤独的生活》中曾写道："任何目标的达到，都不会带来满足，成功必然会引出新的目标。正如吃下去的苹果都带有种子一样，这些都是永无止境的。除非你真正懂得常乐的秘诀，否则将永远不会满足自己所拥有的。"

我们之所以一直以一种疲惫的状态行走在这个社会上，很大程度上是因为我们有一颗非常不容易满足的心。但是你有没有问过你自己：你到底在追求什么，是为了钱吗？还是为了令自己的精神世界不那么空虚呢？我们的生活必然是离不开物质的，因为它是维系我们生命所必不可少的东西。它满足了我们对生存的要求，但是这并不是我们生活的全部。当我们被欲望所吞噬的时候，贪婪只会给我们带来无穷无尽的烦恼。因此，我们必须把自己从欲望的深渊中解救出来，把幸福和快乐变成我们的始发站。

我们应该抱着知足的心态去感受生活的快乐，感受吃苦耐劳和助人为乐的快乐，不贪婪，不占有，保持住我们生活的快乐。因为只有心胸宽广的人才能体会到快乐无所不在，生活中的很多不如意的事情其实都是自己找来的，只要我们用平和的心态去对待，以知足的胸襟去包容，就能幸福快乐地生活。

第三章

当时忍住就好了

聪明的人不是没情绪，而是能控制情绪

在为人处事上，我们切不可只看其表不看其里，被事物的表面所蒙蔽。我们应该冷静的分析，沉着应对，三思而后行。只有这样做才是最理智的。要记得切不可盲目冲动，随心所欲，不然事情的发展会事与愿违，后果不堪设想。

一只美丽的蝴蝶在朦胧的暮色中飞来飞去，尽情地享受着傍晚的清凉。突然，远处的一座房子里透出了一点闪亮的灯光，好玩的蝴蝶旋即飞过去想看个究竟。当它飞进房子里的时候，看见窗台上亮着一盏油灯，灯光就是从油灯那燃烧的火焰上发出来的。蝴蝶一边好奇地打量着油灯，一边绕着油灯上

下飞舞。它觉得这陌生的东西真是漂亮迷人啊!

单是欣赏还不够,蝴蝶决定要跟亮眼的火花认识一下,还要和它一起游戏,就像平时在公园里坐在花瓣上荡秋千似的玩耍一会儿。

它转过身子,朝着火焰飞了过去。突然,蝴蝶觉得身上一阵剧烈的刺痛,而且有一股气流把它向上推去。心惊肉跳的蝴蝶赶紧在小油灯旁停了下来,它吃惊地发现:自己的一条腿不见了,漂亮的翅膀也被烧了一个很大的洞。

"怎么会发生这样的事呢?"蝴蝶莫名其妙地问自己。它左思右想,一时找不到答案。它压根就不会相信,如此漂亮迷人的火花会给它带来灾难。

蝴蝶从震惊中渐渐地清醒过来,它主观地断定灯光是绝对不会伤害自己的。它决心要和灯光交个朋友,好好地同它玩一玩。主意一定,蝴蝶就忍着剧痛,重新振翅飞了起来。

它围绕着油灯飞了好几个来回,始终觉得灯光丝毫也没有伤害自己的意思。于是,它放心大胆地向灯焰扑了过去,想在它上面荡秋千。谁知它一飞到火焰中,就立即跌进了油灯里。

"你太无情,太残酷了。"蝴蝶有气无力地对油灯说,"我看你是那样的迷人,一心想和你交个朋友,没想到你却是如此险恶狠毒。可惜我觉悟得太晚了,我为自己的愚蠢付出了代价!"

"可怜的蝴蝶!"油灯回答说,"不是我残酷无情,而是你自己太幼稚天真了,你把我当成了洒满月光的花朵,这难道是我的过错吗?我的使命是给人们带来光明,但是谁如果不了解我,不懂得谨慎地使用我,就会被我的火焰烧伤。"

"飞蛾扑火"的故事告诉我们做事要谨慎,不冲动,要用理智去思考,然后再决定自己该怎么做,千万不要自不量力、自讨苦吃,这是一种不负责任的自取灭亡的行为。

约翰逊说过:"谨慎比任何智慧使用得更频繁,日常生活中的草率事件使它发挥作用,对微小的事情产生影响。"所以做事不妨谨慎一点,理智一点,事情的发展也就会顺利一点。

要知道冲动带不来好结果，在生活中，很多人总是想着不能委屈了自己，就放纵自己，冲动做事。表面上看好像是对自己好，其实是把自己一次又一次地往火坑里推。

一头驴与一头野牛很要好，他们经常在一起吃草。有一天，它们发现一个农夫的果园里有绿油油的青草，还有成熟的果子。因此它们偷偷地进入了果园，在里面悠闲地吃着青草和树上的果子，而园丁一点儿都没有察觉到。驴吃饱后，很想引吭高歌一曲，野牛就对驴说："亲爱的朋友，你就忍耐一下，等我们出了果园再唱歌吧！"

驴说："我现在真的很想唱歌，作为朋友，你应该支持我才对啊！"

"可是，你一唱歌，园丁就会发现，我们就跑不掉了！"野牛非常倔犟地说。

驴觉得野牛根本无法理解自己目前的心情，它说："天下再也没有比唱歌更优雅、更感人的了。很遗憾，你对音乐一窍不通。我怎么找了你做我的朋友呢？"

驴最终没有接受野牛的建议，开始高歌起来。毫无疑问，它一唱歌，园丁马上就发现了它们，把它们全都逮住了。

这个故事告诉我们，无论做什么事情都要三思而后行，如果只是单凭自己一时的意气用事，那后果一定会不堪设想。所以当我们感到自己的判断并不是很准确的时候或者以前有事实证明这样做不行的时候，我们就应该学会耐着性子稍等些时候，多多地考虑，多多地斟酌一番，千万不要草率行事。

也许我们的谨慎行事会遭到别人的误解，被别人轻视，在这个时候难免情绪上会有波动，性急的人可能很容易就出现冲动的行为。我们不妨学会给自己开脱，平复自己的情绪。比如我们可以学会自嘲，对别人的评价不以为然，对别人的看法不屑一顾等等，这样我们在短时间内就能平复自己的情绪，不再冲动。

我们也许无端地受到别人的指责和误解，一着不慎在人生之路上迷失了方向。也许我们的心现在正受着痛苦的煎熬，我们的精神现在正在崩溃的边缘徘徊。但是不管怎样，我们一定要学会控制自己的情绪。要明白，上天要是想毁灭一个人，必先使其疯狂。冲动不仅不会成全了我们，反而会毁了我们。

所以，我们在做事情的时候，要遵循“五十”原则。所谓“五十”原则，是指人们在有小冲动的时候，在心里数到五再行动，而有大冲动的时候，就数到十再行动。为什么我们要这样做呢？理由其实很简单，人在情绪爆发的那一刻，威力是很猛的，一旦付诸行动，给别人和自己都会造成很大的伤害。因此，我们要避开情绪爆发的“高频期”，克制自己的情绪。

很多成功的人士都能对情绪收放自如。我们的情绪不仅是一种情感的表达，更是一种重要的生存智慧。但是如果控制不住自己的情绪，随心所欲，就会带来毁灭性的灾难，控制得好的话就能化险为夷了。

沉得住气，才能一飞冲天

小不忍则乱大谋，就是说不管做任何事情都要沉得住气，谨慎做事，慎重对待遇到的问题，才能有大的成就。

隋朝的时候，隋炀帝十分残暴。各地农民起义风起云涌，隋朝的许多官员也纷纷倒戈，转向帮助农民起义军。因此，隋炀帝的疑心很重，对朝中大臣尤其是外藩重臣，更是疑心重重。唐国公李渊即唐高祖曾多次担任中央和地方官，所到之处，悉心结交当地的英雄豪杰，多方树立恩德，因而声望很高，许多人都来归附。这样，大家都替他担心，怕遭到隋炀帝的猜忌。正在这时，隋炀帝下诏让李渊到他的行宫觐见。李渊因病未能前往，隋炀帝很不高兴，产生了猜疑之心。当时，李渊的外甥女王氏是隋炀帝的妃子，隋炀帝向她问起李渊未能朝见的原因，王氏回答说是因为病了，隋炀帝又问道："会死吗？"

王氏把这个消息传给了李渊，李渊更加谨慎起来，他知道迟早为隋炀帝所不容，但过早起事又力量不足，只好隐忍等待。于是他故意败坏自己的名声，整天沉湎于声色犬马之中，而且大肆张扬。隋炀帝听到这些，果然放松了对他的警惕。这样才有了后来的太原起兵和大唐帝国的建立。

静观其动，激而不怒，诱而不进，视而不见，忍而不发，以忍求安，智者也。

一个人能否把握与掌控自己的情绪，往往决定一个人事业的得失与成败，甚至可以改变人的命运。

美国著名投资家沃伦·巴菲特在谈到自己成功的原因时说，我的成功并非源于我的高智商，最重要的是理性。一个人的涵养来源于他的修养，有修养之人都懂得控制情绪。于是，不冷静，沉不住气，并且以某种极端手段处事的人，绝不是一个有修养能成大事的人。

老子说过，善为士者不武，善战者不怒，善胜敌者不与，善用人者为之下。是谓不争之德，是谓用人之力，是谓配天，古之极。就是说，高明的武士不逞勇武，善战的人不轻易发怒，懂得克敌制胜的人不会与敌纠缠，知人善用的人对人谦下。这就是不争之德，这就叫四两拨千斤，这就是顺其自然，是古来就有的最高准则。

老子这是在告诉我们，凡事要沉得住气，不要急功近利。先要历练自己的心境，沉淀自己的情绪，这样才能成就大事。

宋朝有一位宰相叫吕蒙正。当时的蔡州知府张绅犯了贪污罪被免了职。这个时候，有人对宋太宗说："张绅很有钱，不至于贪污，是吕蒙正贫穷的时候向他索取财物没有如愿，现在对他进行报复。"

宋太宗就问吕蒙正有没有这回事，吕蒙正也不申辩。结果张绅复了官，而吕蒙正被罢免了宰相的职位。

在这之后不久，考课院查到了张绅贪污的证据。因此，张绅再次被免了职，吕蒙正也再次成了宰相。

宋太宗在恢复了吕蒙正的官职之后，特地告诉吕蒙正："张绅确实有贪污的行为。"吕蒙正听了之后，一笑了之。没有再重提旧事让宋太宗难堪，也没有再去追究当初那个打小报告的人。因为他相信"清者自清，浊者自浊"。

吕蒙正的故事让我们明白不争表面形式的输赢，而是重视思想境界和做人水准的高低。这样我们能活得洒脱，活得自在。如果吕蒙正当时没有忍耐，而是跟宋太宗争辩，那么他可能也不会有什么好下场，要知道，古代的皇帝最忌讳的就是被臣子说三道四。

因此，我们一定要记住：小不忍则乱大谋。在生活中，当我们与别人发生矛盾的时候，一定要心胸豁达，不为不值得的小事去得罪别人，只有这样，我们才能成就大事。

达斯是美国的一名所得税顾问。有一次，他因为一项九千美元的账目与政府中的一位税收稽查员发生了争论。达斯先生认为这九千美元实际上应该是应收账款中的一笔坏账，是永远不可能会收上来的，所以就不应该再征税了。

那位稽查员说："坏账？你胡说！这笔税非征不可！"

达斯先生回忆说，"那位稽查员非常冷漠、傲慢，而且很固执。无论我与他讲道理，还是摆事实，都没有作用。我们越是辩论，他越是固执。因此，我决定不再费力与他辩论，而是改变话题，给他说些赞赏的动听话。"

"与你所要处理的其他重要而困难的事相比，我这件事简直微不足道。我也曾研究过税务问题，但那只不过是书本上的死知识。而你的经验和知识全都来自业务实践。有时我真希望能有一份你这样的工作，这种工作可以使我学到许多东西。请相信我的每句话都出自真心实意。”达斯先生很认真地说。

那位税务稽查员一听这话，就在椅子上伸了伸背，向椅背上一靠，开始兴奋地讲起他的工作来。他告诉达斯，他发现过许多在税务上巧妙舞弊的鬼花招。慢慢地，他的口气逐渐变得友善起来，接着他又谈起他的孩子来。最后，他告诉达斯说：“我会再考虑考虑你的问题，并在几天之内给你结果。”

三天之后，那位稽查员进了达斯的办公室，告诉他说：“我已经决定不征收那九千美元的税了。”后来，他们成了好朋友。

小不忍则乱大谋，我们在面对困难的时候一定要想一些更为高明的策略：不动刀枪，不费口舌，就为自己的事业铲除前进的障碍。

你的格局决定你的结局

古人云：“将军额前能跑马，宰相肚中能撑船。”就是说一个人的气量有多大，他的事业就能做多大。

一人慕名来求教于老子。然而环顾老子居室，到处杂乱邋遢。看罢，似有不屑，怒声呵斥老子：“人都说你智慧通达，德高望重。你既称智者，却难自知，我看也不过是一个庸者罢了……”他把老子看成一个骗子，欺世盗名，遂拂袖而去。

老子依然凝神静思，不为所动。对于老子而言，智或不智，都是别人的评价，自己只是做到真正的自我罢了。

荀子曰："君子贤而能容罢，知而能究愚，博而能容浅，粹而能容杂。"这是一种包容，也是为人处世的根本。

体坛"飞人"迈克尔·约翰逊一向不在意别人的评论。大家大概永远都会记得他的跑步姿势，真的是太特别了——挺胸、撅臀、梗着脖子。在《阿甘正传》这部电影出现之前，大家给他取了个绰号——"鸭子"，之后，他又被唤作"阿甘"。无数的人对他的跑步姿势发难，但是他一点也不恼怒。他说："我的跑步姿势和身材有关，是自然形成的，许多人都批评过我这种姿势，说这样在技术上是多么的不科学，但是这是最适合我的。"

就是这种怪异的跑步姿势让迈克尔夺得了五枚奥运会金牌和九枚世界田径锦标赛金牌。尤其是在非常具有传奇色彩的1996年亚特兰大奥运会上，国际田联和国际奥委会竟然破天荒地专门为他修改了田径赛程，把400米和200米半决赛之间的休息时间从五十分钟改为了四个小时。这个"善意的体谅"最终让迈克尔在那4个小时中，一举拿下了400米和200米两个项目的冠军。

2000年悉尼奥运会上，迈克尔拿下了400米和4×400米冠军(最后一棒)之后，宣布退役。那年他三十三岁。人们对着他的背影说："他留给我们的，是几个属于21世纪的纪录。"

我们不可能让所有的人都对我们满意，那是不现实的。所以对于别人对我们的恶意评价，我们可以学着多包容一些，这样我们的心中才会多一点空间，也因为如此，我们才能更接近成功。

立志要成就大事业的人，应该首先静下心来好好修炼一番自己的心胸，最好是能达到肚子里能撑船的程度，这样才会有人与你共患难，为你效劳，你的事业才能不断发展壮大。

三国时期，袁绍进攻曹操时，令陈琳写了三篇檄文，陈琳才思敏捷，斐然成章，在檄文中，不但把曹操本人臭骂一顿，而且骂到曹操的父亲、祖父的头上。曹操当时很恼怒。后来，袁绍失败，陈琳也落到了曹操的手里。一般人认为，曹操一定会杀了陈琳以解心头之恨。然而，曹操并没有这样做。他慕陈琳的才华，不但没有杀他，反而抛弃前嫌，委以重任，这使陈琳很感动，后来为曹操出了不少好主意。

心胸狭窄的人，容不得一个怒字。在《三国演义》中，曹操虽然奸诈凶狠，但是确有政治家的胸怀，才能广纳贤士。相比较而言，周瑜就不行了，他嫉贤妒能，谁都容纳不下，最后活活气死了。

周瑜是个将才，可他没有大将应有的度量。周瑜聪明过人，才智超群，然而嫉妒心极重，容不得超过自己的人。他对诸葛亮一直耿耿于怀，几次都欲害之，均不得逞。赤壁之战周瑜损兵马，费钱粮，却让诸葛亮捡了个便宜，气得周瑜大叫一声，金疮迸裂。后来，周瑜用美人计，骗刘备去东吴成亲，被诸葛亮将计就计，最后是赔了夫人又折兵，又气得周瑜大叫一声，金疮迸裂。最后，周瑜用假途灭虢之计，想谋取荆州，被诸葛亮识破，四路兵马围攻周瑜，并写信规劝他，周瑜仰天长叹："既生瑜，何生亮！"连叫数声而亡，可见周瑜度量之小。

周瑜的故事告诉我们，不能包容别人，那么你就永远不可能成为一名真正的成功者。如果因为别人的一点过错就心生怨恨，一直耿耿于怀，整日沉湎于人事纠结上，哪里还有精力发展自己的事业。

包容是一种修养，一种成熟，是过人的眼界与胸怀，是对于人性的深度理解，是对于利益的深度把握，是对于个性的充分尊重，是对于共存原则的贯彻与实施。包容是一种整体观念，是一种高瞻远瞩。

所以说，如果一个国家失去了包容，则必将亡国；一个民族失去了包容，则必受孤立；一个企业失去了包容，则必将寿命有限；一个人失去了包容，则必将无朋无友，孤苦一生！

自制力是训练出来的

我们要学会培养和锻炼自己的自制力，要知道克服自制力薄弱的弱点，对生活、工作是有很重要的作用的。自制力强的人,就能理智地控制自己的欲望，分别以轻重缓急去满足那些社会要求和个人身心发展所必需的欲望,对不正当的欲望就会坚决予以抛弃。

像我国古代军事家孙子就把易冲动、好急躁的指挥员用兵视为“用兵之灾”,列为覆军杀将的五种危险之一。而清朝虎门销烟的林则徐根据自己的生活阅历总结出自己是脾气急躁,遇事容易发怒的人,经常容易把好事办坏。他为了克服掉在自己身上存在的急躁的坏脾气,亲自动笔书写“制怒”二字,悬挂于自己的书房之内,并养成了无论走到哪里,就把这块横匾带到哪里的习惯。

一个人能够自我控制的秘密源于他的思想。我们经常在头脑中贮存的东西会渐渐地渗透到我们的生活中去。如果我们是自己思想的主人,如果我们可以控制自己的思维、情绪和心态,那么,我们就可以控制生活中可能出现的情况。

不能控制自己的人就像一个没有罗盘的水手,他处在任何一处突然刮起的狂风的左右之下。每一次激情澎湃的风暴,每一种不负责任的思想,都可以把他推到这里或那里,使他偏离原先的轨道,并使他无法达到期望中的目标。

所以,一定要培养和锻炼自制力,这样才能学会自我控制。只有学会了自我控制,才能镇定且平和地注视一个人的眼睛,甚至是在极端恼怒的情况下也不会有一丁点的脾气，这会让人产生一种其他东西所无法给予的思想和行动，这就会给一个人带来一种尊严感和力量感，有助于品格的全面完善。

有一个作家说过，如果一个人能够对任何可能出现的危险情况进行镇定自若地思考，那么，他就可以非常熟练地从中摆脱出来，化险为夷。而当一个人处在巨大的压力之下时，他通常无法获得这种镇定自若的思考力量，要想获得这种力量，需要在生命中的每时每刻，对自己的个性特征进行持续的研究，并对自我控制进行持续的练习。而在这些紧急的时刻，有没有人可以完全控制自己，在某种程度上决定了一场灾难以后的发展方向。

可见，自制力在紧急的情况下起着多么重要的作用，因此，培养和锻炼自制力是不容置疑的。自制力强的人能够理智地对待周围发生的事件。有意识地控制自己的思想感情，约束自己的行为，成为驾驭现实的主人。

人在事业上，在生活上，都需要有坚强的自制力。

自制力薄弱的人遇事不冷静，不能控制激情和冲动，处理问题不顾后果，任性、冒失。而自制力强的人，处在危险和紧张状态时，不会轻易为激情和冲动所支配，不意气用事，能够保持镇定，克制内心的恐惧和紧张，做到临危不惧，忙而不乱。

可以看出，自制力的培养和锻炼是多么的重要啊。就像莎士比亚说的那样，能够把感情和理智调整得如此适当，以致命运不能随心所欲地把人玩弄于股掌之间，这样的人是有福的。

专家们认为，要成为一个自制力强的人，需做到以下几点：

1.自我分析，明确目标

一是对自己进行分析，找出自己在哪些活动中、何种环境中自制力差，然后拟出培养自制力的目标步骤，有针对性地培养自己的自制力；二是对自己的欲望进行剖析，扬善去恶，抑制自己的某些不正当的欲望。

2.从日常生活小事做起

人的自制力是在学习、生活、工作中的千万件小事中培养、锻炼起来的。许多事情虽然微不足道，但却影响到一个人自制力的形成。如早上按时起床、严格遵守各种制度、按时完成学习计划等，都可积小成大，锻炼自己的自制力。

3.经常进行自警

如果学习时忍不住想看电视剧的话，要马上警告自己管住自己。当遇到困难想退缩时，马上警告自己别懦弱。这样往往能成功地战胜懦弱，控制自己。

4.进行松弛训练

研究表明，失去自我控制或自制力减弱，往往发生在紧张的心理状态中，若此时进行些放松活动的话，就可以提高自控水平。因为放松活动可以有意识地控制心跳加快、呼吸急促、肌肉紧张等状况，获得生理反馈信息，从而控制和调节自身的整个心理状态。

5.提高动机水平

心理学的研究表明，一个人的认识水平和动机水平，会影响一个人的自制力。一个成功动机强烈、人生目标远大的人，会自觉抵制各种诱惑，摆脱消极情绪的影响。无论他考虑任何问题，都着眼于事业的进取和长远的目标，从而获得一种控制自己的动力。

6.决不让步迁就

培养自制力，要有毫不含糊的坚定和顽强。不论什么东西和事情，只要意识到它不对或不好，就要坚决克制，决不让步和迁就。另外，对已经做出的决定，要坚定不移地付诸行动，绝不轻易改变或放弃，如果半途而废，就会削弱自己的自制力。

退一步是为了跳得更远

与人为善才能受到尊亘，进而得到别人的辅助。争一时之气反而会弄巧成拙，把事情办坏。凡事忍让三分，任人为先，看似退让，实际你获得的将要比你一味强争的多得多，你得到的将会是良好的名声和日后优先的特权，这是一点小利所比不上的。

日本矿山大王古河市兵卫，小时候做豆腐店工人，后又受雇于高利贷者，当收款员。有一天晚上，他到客户那儿催讨钱款，对方毫不理睬，并且干脆熄灯就寝，一点都不把古河放在眼里。古河没有办法，忍饥受饿，一直等候到天亮。早晨，古河并没有显出一点愤怒，脸上仍然堆满笑容。对方被古河的耐性所感动，立即恭恭敬敬地把钱付给他。他的这种认真随和又富有耐性的工作精神，以及诚恳的待人态度，让老板大为欣赏，没有多久，老板就介绍他去财主古河家做养子。之后，他便进入豪商小野组(组等于现在的公司)服务。因工作表现优异，几年后被提升为经理。

发家后的古河买下了废铜矿——足尾铜矿。这个足尾铜矿山是个早已被人遗弃的废铜矿山。因此，他一开始进行开采，就有人嘲笑他，视他为疯子。

但是，古河对此根本不在乎。一年过去了，两年过去了，不见铜的影子，资金却一天一天地在减少。但他一点都不气馁，面对困境，咬紧牙关，抱定要和矿山一起死的决心，跟矿工们同甘共苦，惨淡经营。就在本钱几乎要化为乌有时，苦尽甘来，铜，终于挖出来了。

有人问古河成功的秘诀，他说："我认为发财的秘方在于忍耐二字。能忍耐的人，能够得到他所要的东西。能够忍耐，就没有什么力量能阻挡你前进。忍耐即是成功之路，忍耐才能转败为胜。”

20世纪50年代，丰田集团的销售一直由“销售之神”神谷正太郎独立经营。集团是完全分离的两个公司，虽然这样，神谷也使丰田进入了国际市场，但在国际性竞争中，这种分散财力、物力、人力的管理模式阻碍了公司发展。丰田英二提出了合并的建议，但遭到拒绝。

1967年，丰田英二就任丰田工业公司社长时再度建议，仍被神谷拒绝，因为他将销售公司看作是自己的领地，不容别人插手，如果强行合并则会引起内讧。丰田英二放弃了这一计划，也忍下了不平之气。努力工作，把本职工作干好。这一等又是十三年，直至神谷去世，方才将此项计划付诸实施。

丰田英二未施高压政策，与其长远目光是分不开的，如果他一时冲动，强行实施，势必引起神谷的全力反对，从而影响全球的销量，导致渠道不畅，还会失去神谷的支持与合作。因此，忍耐是正途。这是丰田英二从长计议的有力体现。

忍字头上一把刀，这把刀不仅能让你在忍耐中躲避危害和锋芒，还能让你磨砺自己的刀锋，等到时机来临的时候，这把刀就会横空出世，闪耀出夺目的光芒。这就是不冲动，忍耐所能带给我们的好处，只有忍耐才能让我们得到我们想要的东西。

自制力强，不冲动，富有耐心的人往往能更容易赢得他人的信任和尊重。一个无法控制自己的人既不能管理好自己的事务，也不能管理好别人的事务，他可能会在缺乏教育和健康的条件下成功，但绝不可能在没有自制力的情况下成功。

在宾夕法尼亚州的切斯特，有一个以耐心而出名的店主，他的店经营各种样式的布匹。有个人想考验考验他的耐心，他来到店里，一会儿要看这种布料，一会儿要看那种布料，挑来拣去，不是嫌做工不好，就是嫌颜色不够明亮。

店主一点也不恼怒，按照他的要求给他拿了几十种不同款式和颜色的布料。折腾了半天，最后这个人磨磨蹭蹭地选了一种，还要店主裁成一美分大小。店主拿来一枚一美分的硬币，照着硬币的样子心平气和地裁出一块块布，裁完之后用纸包起来递给了他。这个人终于认识到店主的耐心，非常的钦佩，回去之后逢人便说，这个店的美名也在城里传播开来，结果大家都来他的店里买布料，店主的生意越来越兴隆。

每个人都有脾气，但是无论是谁，只要能下定决心，选择忍耐，控制自己的情绪就能以不变应万变，就能得到自己想要的东西，就能取得成功！

第四章

你可以比人聪明，但不要急着让人知道

别把自己太当回事

在我们的日常生活中，周围的很多人为了引起别人的关注，不惜哗众取宠，竭尽吹嘘炫耀之能事，卖弄自己的能力与学问，虽然一时之间也能得到别人的赞叹和羡慕，但同时这样也会招来厌恶、反感和记恨，别人会认为这个人很不成熟，很浅薄，是没有见识的人。因此，我们在生活中要低调一些，谨慎从事，这样才会给人沉稳的印象，赢得大家的称赞。

晏婴是齐国的国相，五短身材，其貌不扬，不过他足智多谋，反应机敏，是个旷世之才，在齐国享有很高的威望。齐王非常器重他，他是齐灵公、庄公、景

公三朝的宰相。晏婴德行端正，清廉节俭，虽然官居宰相，但是饮食服饰都很朴素，家人也不穿绸带彩。他对国君忠心耿耿，但并非言听计从，国君的命令合情合理，他遵从，如果不正确，他则会站在一个宰相的立场上，对国君以理相谏。晏婴的外交能力也很强，他曾经多次代表齐国出使晋国和楚国。在出使两个大国时，表现得不亢不卑。无论何时，他都能摆正自己的身份，在其位，行其事，不骄不躁，因此备受当时人们的尊敬。

晏婴有一个车夫。这个车夫个子高高的，相貌堂堂。他觉得自己给齐国的宰相驾车，多么风光。每次在街上行走时，越是人多他越是挺胸抬头耀武扬威，意思是让人们羡慕他。

有一天，车夫的妻子知道晏婴的车要从自家门口路过。她从门缝中偷偷地窥视自己丈夫和晏婴的神态，看到她丈夫替宰相驾车，头上遮着大伞，挥动着鞭子赶着四匹骏马，神气十足，扬扬得意。车夫的妻子看见自己丈夫趾高气扬的样子非常生气。

晚上丈夫回家时，发现他妻子在家哭哭啼啼，收拾了东西要回娘家。车夫非常惊讶，问妻子要干什么。妻子对他说："你把我休了吧，让我回娘家去。"听了妻子的话，车夫丈二和尚摸不着头脑，问道："好端端的为什么要休了你呢？"

妻子说："晏婴身高不足六尺，却担任国相要职，深受国王宠信。我今天看见他坐在华丽的车上，神态沉静谦虚，没有一点骄傲自大的表情。而你身高八尺，只不过是一个车夫，我看你的神态，神采飞扬，好像很了不起的样子。像你这样轻浮浅薄，妄自尊大的人，我身为你的妻子，感到很耻辱，我怎能跟你继续过下去呢？你跟晏子这样的人每天在一起，还不能以这样一个人作为你生命的坐标，我对你感到绝望。"

妻子的一番话说得车夫羞愧万分，当场向妻子保证，以后一定改正错误，不再哗众取宠，要本本分分地做人。

后来晏婴发现车夫的神态与以前完全不一样了，问车夫其中的缘故。车夫把妻子说他的那番话告诉了晏婴。晏婴说："你妻子说得对啊，人就应该洗去那些浮华的东西，以其本来面目老老实实做人。”

车夫从此以后改头换面并发愤图强，晏婴感到车夫是个可塑之才，于是推荐他当了齐国的大夫。

每个人都是特殊的，都希望得到别人的认可和尊重。但是在别人眼中的你和你自己眼中的你是有很大差别的。所以我们一定要学会以一个普通人的身份自居，平等地对待我们身边的每一个人，这样别人才会认为我们的品行高尚，自然而然我们也就能够得到他人的尊重。但是如果我们表现得得意扬扬，妄自尊大，即便我们真是有很高的才华，也会招致他人的反感。

徐小姐是武汉市人事局的一名职员。由于她工作的时候十分勤奋，也因此取得了不错的成绩。人事局领导经过几番讨论研究之后，就把她派到市里的某一区人事局去做了主任。

在她刚到区人事局当主任的几个月中，对自己的机遇和才能感到非常的满意。她觉得现在的自己就是高高在上、不可一世的存在。因此每天都会使劲儿地吹嘘自己在工作中的成绩，自己是怎样拼搏的，又是如何受到上司们的表扬的等等。她的朋友们听了之后感到非常的不高兴，都避开她，躲着她。

这让她百思不得其解。就这样过了一段时间之后，她发现根本没一个人再理她，虽然她仍然是主任。而且更为严重的是连上面的几位局长都不愿理她了。她突然觉得自己活得很空虚，很孤独，每天坐在办公室里唉声叹气的。她这一切的表现，都被上司看在了眼里。有一天，上司把她叫到了自己的办公室里，告诉她一味地炫耀自己，只会让自己身边的人离自己越来越远。

从那以后，徐小姐在跟朋友们相处的时候开始很少谈自己，而是多听朋友说话，毕竟他们也是有很多事情要说的，让他们把自己的成就说出来，远比听到别人吹嘘自己要开心得多。慢慢地，在这之后每当她有时间与朋友闲聊的时候，她总是先请对方滔滔不绝地把他们的欢乐讲出来，与他们一起分享，不再吹嘘自己，只是在对方问她的时候，才会简单地说一下自己的成就。就这样，她的朋友又多了起来。

由此我们可以看出：我们一定要调整好自己的心态，不吹嘘，不炫耀，学会摆正自己的位置。学会尊重别人，不要不把别人不当回事，更不要太把自己当回事，做好自己应该做的事，才能赢得他人的认可，从而赢得自己进步发展的空间。

退可以自保，进可以自强

老王自从当上部门主任以后，就开始显山露水起来。由于他的成绩显著，很快就被一级级提拔到了公司经理的位置上。他在人力资源建设工作方面做得也很出色，公司内外口碑极佳。他作为肩负公司未来重任的角色，深深吸引住了大家的目光，可是出人意料的是，在被提升以后，他在管理工作当中却没有更显著的表现，不久被派去出任一家下属企业的董事，而且没干多久便退休了。

多年以后，人们才有机会听到当时公司董事长对他所作的一番评价："老王的的确确是个出类拔萃的人，有能力，又有魄力，但他却过于张扬了，甚至说是张狂。不仅伸手要这要那，还经常越权处理事务。这样的人当然不适合做管理工作了。"

俗话说得好，树大招风。如果一个人无所顾忌，锋芒毕露，太过惹眼，就会遭到别人的嫉妒，受到他人的怨恨。与人打交道，最忌讳的就是高高在上，不可一世。只有不张狂才能受人尊敬，默默耕耘才能坐收利益。

如果你仔细观察，就会发现周围一些有人缘的人，毫无棱角，言语如此，行动也是一样。他们个个深藏不露，表面上看好像都是庸才，其实他们的才能颇有出于人上者；好像个个都很讷言，其实其中颇有善变者；好像个个都无大志，其实颇有雄才大略而不愿久居人下者，但是他们却不会在言谈举止上露锋芒，这是为什么呢？

因为人怕出名猪怕壮，他们有所顾忌，如果言语露锋芒，就会很容易得罪别人，得罪旁人就会成为自己前进的阻力。如果行动露锋芒，就会招惹旁人的妒忌，旁人的妒忌也将成为你的阻力。如果自己的四周是阻力或破坏者，那么就不可能实现自己的目标，而且有可能招惹一些祸事。

周亚夫是汉朝名将，他经历文、景两朝，通晓兵法，善于治军，尤其是平定七国之乱时，更是立下了赫赫战功。周亚夫的功劳赢得了人们的一致称誉，汉朝皇帝也很重用他，到景帝时升他为丞相，权位十分显要。

但是周亚夫直率固执，不太圆滑，并且仗着曾经立过军功，比较高傲，经常得罪皇亲国戚及朝中大臣。七国之乱时，他因为不肯出兵援救景帝的弟弟梁王刘武，使刘武怀恨在心，从此结下了仇怨。刘武很受窦太后宠爱，与景帝关系密切，他每逢入朝，经常在窦太后面前说周亚夫的坏话，极尽中伤诬陷之能事。窦太后听信了这些话，经常在景帝面前提起，景帝对周亚夫的印象渐渐变坏。

周亚夫因为曾经立过大功，连前朝皇帝都另眼相看，因此经常对景帝出言顶撞。有一次，景帝想要立皇后的哥哥王信为侯，结果被周亚夫劝止。周亚夫秉性直爽，不懂得劝谏艺术，与景帝争执起来，还固执己见。他搬出高祖刘邦的话，认为不是刘氏的人不能封王，如果没有战功不能封侯。认为王信并无半点功劳，封侯就是违反祖训。尽管周亚夫言之有理，无懈可击，但是话从他口中出来，就好似他正义凛然，景帝则是昏君，不尊祖训不忠不孝，使景帝很没面子。景帝觉得周亚夫太张狂，蔑视皇帝，心里非常恼怒。

后来又发生了几件事情，周亚夫劝谏景帝不成，经常碰钉子，于是上书称病辞官。景帝心想周亚夫功勋卓著，威望甚高，如今负气离去，让人不太放心。于是专门宣召周亚夫，请他赴宴，准备考验他一下。

周亚夫到了宫中，拜见完景帝后入席。他发现自己只有一只酒杯，没有筷子，而且盘子里是一整块大的肉，根本没法吃。他非常生气，觉得景帝在戏弄他，于是转过头对侍从说："给我拿双筷子！"

侍从已经得知了景帝的安排，站在那里装聋作哑。

周亚夫吃惊不小，正要发作，景帝突然说："丞相，我赏你这么大一块肉，你还不满足吗？还向侍从要筷子啊！"

周亚夫真是又羞又恨，赶紧摘下帽子，向皇帝跪下谢罪。

景帝说："起来吧，既然丞相不习惯这样吃，那就算了，今天的宴席到此结束。"

周亚夫听了，起身向皇帝告退，转身头也不回快步离去。

景帝通过此事，知道周亚夫不是一个知足常乐之人，并且个性张扬，目中无人，将来恐怕会惹麻烦。于是想把他除掉。几天后，景帝找了个借口把周亚夫逮捕入狱，最后周亚夫在狱中绝食而亡。

自古以来，有功者常常居功自傲，有才者往往恃才而狂，抢尽风光，连位居他之上的人都不放在眼里，殊不知杀身之祸多由此起。在领导者面前保持低调，掩饰锋芒，退出众人注目的焦点，这样在权势面前才能得以自保。

中国从古代到现代的历史进程中，不乏能人招嫉的故事。太张狂，太露锋芒，就会招来别人的嫉妒，遭到小人的陷害。

郑庄公准备讨伐许国。战前，他组织竞赛，选拔先行官。众将听说露脸立功的机会来了，都跃跃欲试，纷纷准备上场一显身手。第一个项目是击剑格斗，众将都使出浑身解数，只见短剑飞舞，盾牌晃动，斗来斗去。经过几轮比试，选出了六个人，参加下一轮比试。第二个项目是比箭，前面五人都比完了，最后是一位老人，胡子有点花白，他就是颍考叔，曾劝庄公与母亲和解，深得庄公器重。颍考叔上前，不慌不忙，“嗖嗖嗖”三箭射去，连中靶心，与前面一位将领射了个平手。只剩下两个人了，庄公派人拉出一辆战车，说：“你们俩人站在远处，同时来抢这部战车，谁抢到手谁就是先行官。”颍考叔飞速抢到了战车，成了先行官，但却使那位将领怀恨在心。

颍考叔果然不负庄公之望，在进攻许国都城时，手举大旗率先从云梯冲上城头。眼看大功告成，那位将领嫉妒的心理发作，他抽出箭来，向城头射去，一下子把颍考叔从城头射了下来。

人生犹如船过大江，有风平浪静的一帆风顺，也有风急浪涌的险滩暗礁。对于成功者而言，站在明处就是把自己暴露在外，时时都要提防不知从何处来的暗箭；对于普通人而言，虽无成功者的苦恼，也少不了要遭受些流言蜚语，诋毁中伤。面对这样的情况，最好的办法就是把自己隐藏起来，低调做人，让外界感受不到你的威胁存在，退可以自保，进可以自强。

大清名将海兰察性格强直，军事方面的知识，他不用学习便能够通晓，检验马身上的箭头，就能知道敌人的远近。每次临敌，他都穿着简单的衣服，戴着布帽，绕到敌人的阵后，观察可乘之机，派遣兵马或数十骑闯入敌人阵地，左右射之，使敌人自乱阵脚，然后再整队攻打。

海兰察独自擒获敌将巴雅尔，以少胜多的故事充满了神秘的传奇色彩。与巴雅尔不期而遇之时，海兰察正在山中砍木头，随即抡斧上马与之大战。巴雅尔显然不是海兰察的对手，几十个回合下来，巴雅尔体力渐渐不支，随时都有被砍下马来的危险，为了保全生命，巴雅尔被迫下马归降，并割下一角衣襟给海兰察作为凭证。

战争结束后，全军将士论功行赏，很多人都说巴雅尔是自己擒获的，为此争执不休，海兰察却什么也没说。由于分辨不出，上级便下令让巴雅尔自己到军营里去认，结果认出海兰察来。那些高级将领很不服气，纷纷让海兰察拿出证据，于是海兰察把割下的那一角衣襟拿了出来，众人都不说话了。乾隆皇帝赐其额尔克巴图鲁称号。

低调做人，不过度引人注意，可以避免把自己的心理能量浪费在无谓的人际斗争中。所以说做人低调，为人谦虚，守己谨慎，淡泊名利，才能躲避明枪暗箭，才能为人所尊敬。

得意忘形的人下场都很惨

得势之时飞扬跋扈，不可一世，往往是毁灭的前兆。

唐代宗李豫的宰相元载，原来是唐肃宗时期掌管财政的大臣，代宗李豫继位后继续用他。平定了安史之乱之后，鱼朝恩掌握着禁军，飞扬跋扈，不可一世。李豫感到如芒刺在背，深受威胁，生怕哪天鱼朝恩就把他废掉了。当时的元载为相，主持国政，自然也要受制于这位内相，视其脸色行事，也很担心不知哪天鱼朝恩会借个名目，将其关进北军的地牢里，性命不保。就这样君臣合谋，除掉了鱼朝恩。

从这以后，元载专权就一发不可收拾了。元载原本家里贫穷，得势之后，长安城几乎都装不下这个无限膨胀的大人物。他仗着自己除恶的功劳，谁也不放在眼中。他自夸有文武才略，古今莫及，舞弄权棒，奢侈无度。只要是求官的人，都要贿赂他才能得以如愿的。

元载还纵容其老婆、子弟，卖官鬻爵，聚财敛货，京师行政机构的重要官职和江淮方面的地方要职都安排了他的党羽。他任用亲信，排斥异己，满朝文武都降服于他，俯首听命。代宗对于这前门驱虎后门进狼的局面，十分懊悔，但又害怕，寝食不安，又无计可施，只好任其为非作歹下去。

于是元载更是嚣张不已。他有一位来自宣州的昔日旧友，跑到长安来向他求官，元载随便写了封信，就打发旧友走了。半路上，这个旧友偷偷打开了那封信，想看看元载到底写了些什么。结果没有一个字，只是一个署名而已。老友失望之至，以为彻底没戏了。这时他已到达幽州，老友本着试试看的态度，向地方政府通报，说他持有一封元相的信。节度使一听部下汇报，连忙派官员隆重接待，安排好吃好喝，宴饮数日，临走时，还赠给了他千匹绢。这个旧友只是亮了一下信封，地方官就如接圣旨，产生这么大的震动，由此可知元载的威权是多么震慑人心。

元载热衷于大兴土木，修建房屋。他的屋宅，竟占了长安城里的大宁、安仁两里，规模之大，无法想象。他死后，这两座宅舍足够分配给数百户有品级的官员居住使用。另外，他在东都洛阳建造了一座园林式的私宅，没收充公之后，竟能改成一座皇家花园，不难想象原来是何等的堂皇奢华。

李豫几乎被元载架空，成了一个孤家寡人。幸好左金吾大将军吴凑是他舅舅，否则他连一个可以商量的亲信都没有。大历十二年三月，代宗在延英殿命令左金吾大将军吴凑监禁元载、王缙，命令吏部尚书刘晏与御史大夫李涵审问。这次审讯，实际上是这位皇帝在幕后操纵，元载飞扬跋扈近十年，终于到了倒台的一天。

“福兮祸之所伏”，世间万事万物都处在一个矛盾的统一体中，荣耀或许就是灾祸的开始。无论何时都应该保持谦虚谨慎、低调行事的作风，不飞扬跋扈，不居功自傲，以一颗平常心看待人生荣誉，才能以不变之心应万变。

齐国有一力气过人之人，名叫孟贲。他能一掌劈死一头牛。秦武王在招纳天下勇武之人的时候，他离开齐国投奔了秦国。秦武王也是个勇猛的人，重武好战，常以斗力为乐，凡是勇力过人者，他都提拔为将，置于身边。孟贲的到来自然被他另眼相看，很快孟贲就被任命为大将，与他手下的另外两名勇将乌获和任鄙享受一样的待遇。孟贲为此感到非常自豪。

公元前306年，秦国左丞相甘茂出计，与魏国建立了秦魏共伐韩国的联盟，尔后用计攻占赵国的军事要地宜阳。这条计策被秦武王采纳了。当秦军占领宜阳后，发现周都洛阳门户洞开。秦武王大喜，亲自率领任鄙、孟贲等精兵强将想要进入洛阳。周天子此时根本无力抵抗，只好打开城门迎接秦武王进城。

秦武王兵进洛阳之后，直接就奔向周室的太庙，想看看传说中的九鼎。这九个鼎原本是大禹当年收取天下九州的贡金（铜）所铸就的，是周朝天命所在的象征。秦武王一见九鼎，就大喜过望。他当然不是喜欢这些个铜块，而是垂涎那九鼎所象征的统御天下的权力，这原本一直都是秦国历代君主的梦想。秦武王绕着九鼎逐个观看，看到雍州代表秦国的鼎的时候，就对随行的群臣说："这鼎有人举起过吗？"守鼎人赶忙回答："自从先圣大禹铸成此鼎以来，没有听说也没有见过有人能举起此鼎。这鼎少说也有千斤重，谁能举得起呀！"秦武王听了，没有言语，只是撇了撇嘴，然后回头问任鄙和孟贲："你们两个，能举起来吗？"任鄙这人平时就为人低调，他心里清楚秦武王常常自恃勇力惊人，十分好胜，原本平日里就经常和手下的大将斗力，如果现在这种时候自己出来举鼎，而且还是当着这么多人的面，这就等于说是抢了秦武王的风头，自然也就不会有好果子吃。况且，如果一旦秦武王真的去举鼎了，稍有差错，那自己就是长了九个脑袋也担不起这个责任，因此他婉言道："臣不才，只能举起百斤重的东西。这鼎重千斤，臣不能胜任。"

任鄙话音刚落，孟贲就心中暗喜，他觉得自己表现的机会来了。于是伸出两臂走到鼎前，对秦武王说道："让臣举举看，若举不起来，大王不要怪罪。"说罢，就紧束腰带，挽起双袖，手抓两个鼎耳，大喝一声"起！"只见那鼎离地面仅仅半尺高，之后就重重地落下，孟贲顿时感到一阵晕眩，站立不稳，差点一屁股坐在地上，还好被其左右及时地拉住了。秦武王看了，禁不住发笑："卿能把鼎举离地面，寡人难道还不如你吗？"

任鄙见状，赶紧上前劝道："大王乃万乘之躯，不要轻易试力。"本来秦武王就好与人比力，现在这种时候哪里还听得进去，立刻卸下锦袍玉带，束紧腰带，大踏步上前。任鄙拉着秦武王苦苦相劝，秦武王生气地说："你不能举，还不愿意寡人举吗？"任鄙不敢再劝，只好退到了一旁。

只见秦武王伸手抓住鼎耳，深吸一口气，丹田用力，大喊一声："起！"鼎被举起半尺，这个时候周围是一片叫好之声。秦武王得意扬扬，心想："孟贲只能举起。我举起后要移动几步，才能显出高下。"这样想着他就准备移动左脚，不料右脚独木难支，身子一歪，千斤重的大鼎落地，正好砸到右脚上，秦武王惨叫一声，倒在地上。众人慌忙上前，七手八脚地把鼎搬开之后，只见秦武王右脚已被压碎，鲜血流了一地。等到太医赶来的时候，秦武王已是不省人事了。当晚，秦武王气绝身亡。

周天子闻报，心中是又惊又喜，喜的是这个骄横跋扈的秦王自找死路，惊的是万一秦国以此为借口兴兵讨伐，自己的王位可就不保了。想到这里，他就赶紧亲往哭吊，然后派人把秦武王的灵柩送回了咸阳。

不久，秦武王异母的弟弟嬴稷登基，就是后来的秦昭襄王。当秦武王下葬后，秦武王的母亲老太后开始令人追究责任，这一查就查到了孟贲的头上，虽然事情不能全怪孟贲，但是为了出气，还是将孟贲五马分尸，诛灭其族，而任鄙则因劝谏有功，被升任为汉中太守。

在生活中，出风头被大多数人理解为是一件很风光的事情。但是，我们从孟贲的教训中应该可以看出：出风头是要冒风险的。要知道出多大的风头就要承担多大的后果。虽然我们生活在现代，出风头掉脑袋的事情是不可能会发生的，但是，出风头后丢了工作，遭受打击的事情却屡见不鲜。我们应该学习任鄙，虽然可能被秦武王看成是怯懦的人，但是一旦发生意外，却能够稳稳地置身事外，保全自己。

所以说得势的时候我们要不时地提醒自己："福兮祸之所伏。"要慎言慎行，宽容礼让，只有这样我们才能保持自己的成功长盛不衰，即便是我们从顺境陷入逆境中，也能够做到不惊不诧，应付自如。

真正的卓越，不用吹嘘总有人知道

一个人越是吹嘘自己，就越容易使人们对其所说的话的真实性产生怀疑。夸夸其谈，只能是暴露自己学识欠缺，品味不高，这样不但不会让人们觉得这个人很有魅力，而且会让人产生厌恶。即便是真的有才华有能力，但是经常吹嘘自己也会降低人们的好感。

马西尔斯是古罗马时代的英雄，他被人们封为"战神"。在公元前5世纪前半叶的时候，他率领部队奋勇杀敌，屡次使罗马城免遭屠戮。但是因为他经常驰骋在外地的战场上，罗马的居民都没有见过他，这就使得他成为谜一般的传奇人物。

公元前454年，马西尔斯打算告别军戎生涯，参加竞选角逐执政官，从而进入政治界。按照规定，所有候选人，都必须在公众投票前发表公开演讲，向人们展示自己的风范。在演讲会的讲台上，马尔西斯什么也没有说，只是脱下身上的衣服。人们看到了他身上的累累伤痕，感动得泪如雨下，几乎每个人都认定他会当选。

然而，在投票的前一天，马尔西斯在公众场合与公众见面，但是他只与那些陪同他来的高层官员和富有市民说话，而且一味地吹嘘自己的功绩。人们终于认清了他的本来面目:所谓的英雄只不过是个吹牛大王而已。于是,人们决定第二天不投他的票了。

中国古代也有一位将军,他在大军撤退时总是断后。当他回到京城的时候,别人都赞扬他退却在后、舍生忘死的精神。这位将军只是很平淡地说:"并非吾勇,马不进也。"

上面的这两个人物形成了鲜明的对比,同样是立功的将军,但是对待自己的功劳却是截然不同的态度,这才使得人们对他们有着完全相反的看法。

马尔西斯一味地吹嘘自己曾经在战场上的功绩,本来是想让人们知道他有多勇敢多伟大,他为这个国家做出过多么重大的贡献。结果却适得其反,人们对他的装腔作势很反感,他把自己说得越神勇,人们就对他越失望。他本来以为这样能赢得公众的好评,结果却是毁掉了自己在人们心中的形象。

而中国古代的那位将军,他谦逊地把断后的功绩推掉,认为这不是自己勇敢,而是因为马不行进,使得自己不得不退却在后。他这样的做法反倒是赢得了人们的赞誉。那些谦虚的人对自己的优点不以为然,他们之所以这样做,不是想占什么便宜,而是不愿夸耀自己的功绩。但是越是这样,这些人就越是得到最大的荣誉。

要知道经常吹嘘自己的人,只不过是想满足自己被人羡慕受人恭维的快感。但是当人们发现他们言过其实的时候,常常会觉得自己受到了愚弄,也因此,在失望的同时就会产生报复心理,排挤那个吹嘘的人。古今中外,因为吹嘘和自以为是而丧命的人不在少数。

一个罗马将军带领部队围攻希腊城堡。那个时候是需要用撞墙槌攻破城门的,但是当时他们并没有准备撞墙槌。将军沉思了一会儿,他想起来船坞里有两支沉甸甸的船桅,其中较大的一支船桅可以用来代替撞墙槌,于是便下令将较大的这支立刻送来。接到命令的军械师却认为,较短的一支更容易把墙撞开,于是军械师自作聪明,坚持把较短的桅杆送了过去。他深信将军一定会因为他这个明智的决定而赏赐他。

短桅杆运到战场后，将军一看没有按照他的命令来执行，非常生气。然而军械师却一点都没有发觉，仍然兴高采烈地向将军解释送来短桅杆的原因。他滔滔不绝，说自己是专家，在这方面有很深的造诣，深知其中的原理，并表示在这些事情上听取专家的意见才是最明智的，攻城时采用他送来的短桅一定是最有效的。将军越听越怒，从来没有一个人像这个军械师这样敢违抗他的命令，并且还在他面前吹嘘，这使得他觉得自己受到了侮辱，于是还没等军械师说完，将军就下令把他吊起来，用鞭子把他活活打死了。

吹嘘的人总是相信自己是正确的，他们喜欢逞口舌之能，他们总是趾高气扬，自以为是，在权势面前也没有忌讳，这无异于自掘坟墓。

因此我们不要自以为有点才能，就四处吹嘘，想让人觉得自己是个天才。不要自以为发了点小财，就到处夸耀，好像自己是比尔·盖茨。更不要做了点小事，就觉得劳苦功高，四处张扬。要知道这样的人是最讨人嫌的。因为喜欢吹嘘的人往往是没有什么真才实学的人。达·芬奇说过这么一句话：“微小的知识使人骄傲，丰富的知识使人谦逊。”

要记得：有时候沉默胜于千言万语，聪明的人都知道节制，与其夸夸其谈不如闭起嘴巴。低调不是没有个性，沉默也不代表一无所知，真正的卓越非凡不用吹嘘总有人知道。吹嘘自己知识的人，等于宣扬他的无知；吹嘘自己勇敢的人，无疑告诉别人他是个胆小鬼；吹嘘自己富有的人，只能证明他是个爱财的人。平平常常的人，谦逊朴实地对待人生，无论他是否有所作为，人们都会对他有个好印象。

谦虚的人往往能得到别人的信赖，因为谦虚，别人才认为你不会对他构成威胁。你会赢得别人的尊重，与他们建立良好的关系。

第五章

一辈子很长，不要在攀比上死磕

活着，不是为了和别人比

小张是国际贸易专业的一名本科毕业生，毕业后也像其他毕业生一样，成为浩浩荡荡求职大军中的一员，每天游走于大小招聘会，穿梭于摩肩接踵的人群之中。但是尽管简历频频递出去，喜讯却迟迟难到来。

在漫长的等待中，小张发现IT业是现在最为火热的职业。所以他就跑去报了个“网络动画制作”速成班，希望将来能在这行有所作为。然而现实终于让小张认识到自己对IT毫无兴趣，不但白白扔了高昂学费，而且一无所获，更重要的是耽误了自己宝贵的时间。小张眼看距离毕业的时间不多，不禁发起愁来。

幸好没过几天，小张就收到了一家公司的面试通知。兴奋之余，小张没忘好好打扮一番，材料、证件之类也准备得相当充分，正因为如此，他在面试时给公司留下了较好的印象。可就在最后一个环节，当公司摊牌关于薪金的相关规定时，前一刻还神采奕奕的小张不禁黯然失色了。走出公司所在的办公大楼，小张摇摇头，也颇带些嫉妒地嘀咕道："小马在学校的成绩远不如我，素质也没我高，活动能力也没我强，可现在偏偏好事都让那小子赶上了。不行，我一定要找个更好的工作，挫挫那小子的锐气。世上公司千千万，这家不行咱再换！哼，天无绝人之路嘛。"小张虽然这么想，心里却很不是滋味。

就这样，一周又过去了，小张经历了焦急的等待，眼看校园的最后时光飞逝，心想该是我舍命一搏的时候了。于是，这天下午四点多钟，小张在街头报摊上买了一份报纸，习惯性地翻到招聘版面，接着就按照上面的信息随意拨打了一家公司的电话。由于身边车多人多，噪音很大，小张拨通电话后大声喊道："喂，我找一下你们经理。"对方礼貌地答道："抱歉，先生，我们经理正在开会，请问您有什么事，方便留下联系方式吗？"

听到这话，小张大失所望，想也没想就挂断电话，又开始寻找下一个目标。

最后，小张在结束论文答辩毕业之际，也没有达成求职意向。伤心之余，小张把孙燕姿的《遇见》改成了自己的《求职之歌》："我的工作，它在多远的未来；我和招聘人员到底有着怎样的对白；我迎着风举着'求职'的招牌……"伴着改版的歌曲，小张仍在继续他坎坷的求职之路。

其实在这个故事中，小张不是没有成功的机会的，只不过是他没有选择把握住这样的机会。故事中有说到，他在那次的面试过程中，小张穿着得体，资料齐全，谈吐不俗等等都给了那家公司一个不错的印象。但是就是因为他觉得在学校不如他的同学的工资都比这家公司给的工资要高，所以他放弃了这个机会，这种因为攀比、嫉妒而葬送自身发展机会是多么的令人可惜又可笑。

美国杜邦公司的副总裁卡尔夫说过："最悲哀的事情莫过于有那么多的

年轻人从来都不知道自己想要干什么。在工作中获得的仅仅只是薪水，而其他的一无所获。这是一件多么让人伤心的事情啊！”

作为刚刚毕业的学生，我们不能只从物质上的满足来比较我们和他人的差距。有时候，有些东西是无法用金钱来衡量的。就像是一个企业的文化，员工之间亲密无间的合作，良好的发展前景，还有对自身优势有比较大的发挥余地等等，这些才是我们应该比较的，才是我们应该体会到的。所以说，我们一定要抛开攀比的心理，一切从自我出发。

烦恼都是因为计较太多

比较的心态，是人之常情。但是我们不要忘了：天外有天，人外有人。生活中的许多麻烦都源于我们盲目地和别人攀比，最终失去了我们自己的人生方向，更忘记了人生的真正意义。

周飞是个非常要面子的人，由于不太爱吃苦，结婚后满足于现状，守着老婆孩子过日子。虽然生活过得平平淡淡，但是也算过得去。每次听别人说某某靠劳动发家致富了，他总是不屑一顾，一百个瞧不起。

前几天，一个朋友来家里找他打听一个人。他看到这个朋友开着高级轿车，又听朋友说车是他私人的，朋友还开玩笑说：“怎么样，当初你们都瞧不起我，现在我先开上轿车了。哈哈！哈哈……”他顿时感到朋友在向他炫耀，感到了低人一等的羞辱。

朋友开车走了以后，他陷入了沉思，皱着眉头，低头不语，媳妇叫他吃饭，他也爱搭不理的样子。第二天，他竟然没有与妻子商量就私自把家里存的几万元钱取出来，又谎称要买房子，到亲戚家借来了几万元，由于钱没有凑足，还编造理由，私自在公司预借了两万元，尔后拿着身份证准备去车市买车。

正好妻子准备去银行存款，发现家里的存折不见了，急忙问老公看到没有。周飞没好气地说自己拿了存折，准备买车用。妻子认为现在家里达不到买车的经济条件，实用价值也不大，上班很近，根本用不着买车。于是两人争辩起来，争论当中，周飞吼叫着："没有用我也买，我不能让他们瞧不起。我受不了朋友的讽刺挖苦话，咱也买得起！"

妻子争论不过，气得大哭了一场。他也不示弱，与妻子吵翻了天，离开家两天两夜，睡在办公室。

攀比心理人人都有，通过攀比能够把比自己强的人作为榜样，向别人学习，那自然是件好事。但是如果攀比的结果是只看到自己的短处，并因此而伤心感慨、怨愤，甚至颓废、堕落，那这个人就有些心理问题了。

《世说新语》中有这样的一段记载：晋朝时期，王恺用当时特别珍贵的麦芽糖清洗自己的锅子，石崇知道后就用更加珍贵的石蜡当作柴火使用。王恺当然不甘示弱，他就用紫纱布障四十里，而石崇竟然用织棉布障五十里。之后王恺就用红石蜡泥墙，石崇紧跟其后，用香料泥墙。就这样，两人为了展示自己的富有，奢侈浪费的情形令人震惊。在八王之乱的时候，赵王伦看中了石崇家的财产，所以就把他杀了。在临刑的时候，石崇悔恨道："是财多而导致杀害啊！"石崇到死都没有明白，其实不是他的家财万贯引来的杀身之祸，而是因为他的奢侈露富，导致了他人的嫉恨。攀比虽然让他的虚荣心得到了极大的满足，但也将他推向了死亡的深渊。

所以说我们一定要清楚地知道自己到底该干什么，办事情要实事求是，千万不要好高骛远，更不能贪图虚荣，盲目地与别人攀比。在生活中我们要把心态放得自然一些,变消极的攀比为积极的前进动力。

美国作家亨利·曼肯说过,如果你想幸福,有一件事非常简单,就是与那些不如你的人,比你穷、房子更小、车子更破的人相比,你的幸福感就会增加。

有一首打油诗这样写道:“世人纷纷说不齐,他骑骏马我骑驴。回头看到推车汉,比上不足下有余。”人往往就是这样,很多烦恼都是觉得自己不如别人而生出来的。

有位女白领参加了一次同学聚会。多年不见,她的同学变化很大,有的成了政府要员,有的下海经商积累了巨额财富,有的女同学虽然自身无所成,但是老公却身价不菲。与她们相比,这位女性显得十分落魄。她打拼到现在,只是一个在外企工作的白领。

回家之后,这位女士总觉得身体不舒服,心慌、胸闷、烦躁、失眠等症状相继出现。她去医院检查,也未发现什么病因。找心理专家咨询,才得知自己可能患上了“攀比恐慌症”。

人在没有参照物的情况下,很容易自我满足,一旦参照物发生改变,心态也就迥然不同了。上例中的这位女士原先在自己的圈子里可能算是生活条件比较好的,她在事业上虽没有很大的成就,但是工作稳定,收入颇丰。可是,与阔别多年的同窗相见使她对现状十分不满,致使她在短时间内无法控制自己的情绪。同学的成功滋生了她的欲望,她开始意识到自己的平庸,感觉自己的人生没有别人的精彩,活得窝囊。极大的心理落差令她心神不定,恐慌,夜不成寐。

常言道:“山外青山楼外楼。”人生在世,我们都免不了会攀比,但是攀比也要有一个尺度,不要总拿自己的短处去和别人的长处比,那样只会让我们丧失生活的信心。

而且,把自己与别人相比是毫无意义的,因为你根本不知道别人在生活中的目标、动力以及别人独一无二的能力,别人有别人的才干,你有你的才干。其实我们每个人都有自己忽视的才干，比如像激情、耐力、幽默、善解人意、交际才能等，它们是有助于我们取得成功的强有力工具，所以说只要我们能在自己从事的专业领域中有所成就，那便是不虚此生。

和自己过不去的人还真多

我们常常会感到生活很累，其实只有一小半是缘于生存，而另一大半是缘于攀比。在日常生活中，我们往往不自觉地就拿自己跟别人进行比较：某人做生意赚了钱，某人仕途顺利，某人买了高级轿车，某人住进了豪华别墅……你觉得自己本来不比他们差，为什么就是不如他们风光体面。

有一位大四学生说："老实说，我的学习成绩只能算中等，报考普通大学的研究生还算有希望，但是报考名校就有点吃力了。可是大家都报考了名校，我如果不报，很丢人。另外，我的家人对这件事也很看重，总是会和别人说我多么聪明，多么能干，他们多为我骄傲，我不想父母因为这个问题在别人面前抬不起头来。虽然我心里很清楚，对于我来说，报考名校是自讨苦吃，失败的可能性极大，可又担心一旦被别人比下去，周围的冷嘲热讽会让我无法忍受。这样的比较让我觉得很累，简直就是自我煎熬。"

凡事都怕比。不比不知道，一比吓一跳，这一攀比，自己的劣势就出来了，就容易发火、激动，从而就会产生强烈的不平衡心理。如果我们因为怒火而失去理智，选择不择手段地满足自己的贪欲，那么就会让我们自己的身心陷入一种失控的状态当中。因为无法接受这种巨大的反差，还有对自尊心的过度打击，这种因攀比而产生的痛苦会让我们生活在煎熬中，不可自拔。也因此就必然会产生一些意想不到的可怕后果,从而会导致你的人生陷入难以回旋的败局之中。

教师小李安分守己的平静生活突然被同学的生日宴会给搅乱了。那一天,下了课的小李和他的妻子拎着生日蛋糕就往同学家赶。看着昔日的老同学下海经商多年,已是小有名气,有自己的别墅,开着宝马,一副成功者的气派,而且生日宴会上尽是社会上层的名人雅士。当然,那场生日宴会的举办地很奢华。

当小李重返校园上课时就好像变了个人,整天心事重重,见人就诉苦。"这小子,有两下子,想当年上学那阵子,考试总不及格,作业老是抄别人的,自己压根就没做过,凭什么现在比我有钱?"他唠唠叨叨地说着,其他老师安慰他:"我们的工资虽比上不足,但是比下有余,钱够花了就行!"小李更加气急败坏地说:"够花?我整整一年的工资加到一起竟比不上人家一天挣的钱……"

由于出身条件、自身水平、境遇等等诸多因素的影响,人们在物质上的确存在着各种差别,而这一点则直接打开了人们攀比的空间。

其实,从物质角度来说,人生本就是不一样的。既然不一样,人与人的差距在攀比之间就显而易见了,既然这样,何必让攀比使你失去了自己本应有的一份好心情呢?还是珍惜眼前,活在当下比较重要。

攀比使人的心理无法趋于常态,它就像一把利剑,刺向自己心灵的深处,而且攀比对己对人都是十分不利的,最终受到伤害的是自己的幸福和快乐。而且攀比的时间一长,还会严重影响身体健康,有可能导致内分泌失调,免疫力下降,容易使人患上各种疾病,包括一些恶性的癌症等等。

所以说一定要防患于未然,未雨绸缪,学会调节自己的心态。要知道人生有所得必有所失,他人物质上好过你,但比你付出了更多的精力,他的烦恼也比你多;他人的官大过你,但经常照顾不了家;她老公比你老公有前途,但出轨的风险大过你。你不要只看到别人的好处，也要想到他人的不易与隐患。

再说了人这一辈子，有得有失，有盈有亏才是正常的。整个人生就是一个不断地得而复失的过程。我们每个人所拥有的财产，无论是房子，车子，票子，是有形的，还是无形的，没有一样是属于你的。他们只不过是暂时寄托于你，有的让你暂时使用，有的让你暂时保管而已。到了最后，物归何处，都不得而知。所以不要把幸福的标准定得太高，生命中的任何一件小事只要你细心品味过，可以说都与幸福有关。

所以说我们不应该一味地去攀比，要知道，顺其自然是快乐之本，刻意追求是痛苦之源。

你眼红别人，可别人也在羡慕你

我们在生活中，在工作上经常犯的错误就是不能做自己，总是喜欢和别人比较。而玫瑰就是玫瑰，莲花就是莲花，只能去看，不能比较。每一个人都有一些属于自己的“沉香”，但人们往往不懂得它的珍贵，反而对别人手中的一切羡慕不已，最终只能让世俗的尘埃蒙蔽了自己智慧的双眼。

小王在职场上打拼了十几年，虽然他一直很努力工作，身心疲惫，但是却始终没有获得大的发展。而他身边的亲朋好友却是一个又一个拥有了自己的事业。对于亲朋好友身上的优势，他心里一直都非常地清楚，也一直都是向着这些人学习的。他的想法其实很简单：只要具备了这些亲朋好友身上的优势，那么自己就能够获得成功。

但是转眼几年的时间过去了，亲朋好友身上的优点他学了不少，但是成功还是离他非常遥远。没有办法的小王只能无奈地把这一切都归结于自己的命运，认为自己这一辈子可能就是个穷苦命了。

后来有一天，小王到一家庙宇去进香，无意之间和住持聊了起来，在聊到命运的话题时，小王趁机把自己心中的委屈统统都倒了出来。住持在一旁安静地听完，始终没有说过一句话。在最后，小王问住持有什么指教的时候，住持笑了笑说了三个字："做自己。"

"做自己？"小王一直在琢磨住持的话，"什么叫做自己？难道我一直都是在做别人吗？"

经过了一段时间之后，小王终于明白了住持的意思：不要只学习别人，而是应该发挥自己的潜能。不要一味地羡慕别人的才能，而是发挥出自己的才能。

从这以后，小王就一心一意地挖掘自己的潜能，几年过去之后，他就获得了不小的成就。

许多人在攀比中往往为自己平添许多烦恼。他们总认为自己过的不应该是这种日子。于是，他们开始细数自己所欠缺的东西，而这往往又加深了他们遗憾的程度。其实，我们拥有的东西已经很多了。我们之所以不满意，之所以惆怅，是因为我们在比较的过程中片面地夸大了别人所拥有的，而将自身的许多宝贵的东西给忽略了。说不定，当你羡慕别人时，又有人在羡慕你。珍惜你的一切，并幸福着你的幸福、快乐着你的快乐，就是对人生最好的馈赠。

要知道，我们每个人身上都有一种独特的能力，它是别人所没有的。而且只要我们能够好好地发挥出自己身上的能力，我们就能够取得成功。所以说，我们没有必要老是去羡慕别人，和别人比较。只要我们自己能好好地开发和利用自己的能力，我们也一定会成为让别人羡慕和比较的对象。

经济学家认为，我们越来越富，但是体会不到幸福。根本原因就是，我们一味地和比自己强的人去进行比较，越比较就越会觉得自己的生活是多么的不幸福，甚至有时候会觉得糟糕透顶。事实就是如此，对于现在的许多人来说，如果只是单纯追求生活的幸福并不难，难的是他们往往追求的是要比别人更幸福。

根据一项研究调查表明，一个人的幸福指数与攀比别人是成反比的。我们周围的很多人都感到生活太累，其实并非穷得生活不下去，而是跟别人比起来觉得差距太大，心理失衡所致。如果我们能用一种积极的态度去和别人比较，不如别人时便积极进取，争取更上一层楼；比别人强时便谦虚谨慎，乐观助人，岂不更好？

有一句老话说得好："人比人，气死人。"这说明一个浅显的道理，人与人的生活经历不一样，所以没有绝对的可比性，只有相对的可比性，真正的比较只有自己与自己比，才能不断地激励自己，使自己永远向上。

丽红是一个生性好强之人，她的理想就是能够成为一个无冕之王——新闻记者。但是大学毕业之后她却成了一名教书育人的高中教师。当看到昔日的同窗如今都已经登上了高位，丽红的心里别扭极了。她的丈夫看到她这个样子，就劝她说："人比人 气死人。反正现在的情况已经是这样了，你又何必非要拿自己的短处去和人家的长处去比呢？你难道就不能找找你自己的优点吗？"

丈夫一语点醒梦中人，丽红决定凭着自己流畅的文笔闯出一片天地。她选择了当地一家颇有影响力的报社，之后就开始大量地往这家报社投稿，一点也不计较稿费的高低。这家报社刚刚开了不少的副刊。丽红就悉心地加以研究，而且专门针对这些副刊写文章。因此，她的作品几乎篇篇都能被采用。甚至还出现过这样的奇迹：那一次，该报的副刊总共只刊登了8篇稿子，其中有4篇都是丽红所写，只不过署名各不相同罢了。

就这样，慢慢地，丽红的作品被这家报社的编辑们竞相争抢。经常会遇到这样的情况：这边刚刚应付完文学板块的差事，那边杂文板块的就找来了。甚至有的时候她因为学校的事情创作的速度稍微慢了一点，那些编辑就心急火燎地打电话来催稿。这样过了一段时间之后，报社的领导坐不住了，他给丽红打电话说："只要你愿意，你现在就可以来我们报社上班。"

从上面的故事中我们可以看出：做真实的自己，才能发挥出自己本身应有的才能，才能创造出属于自己的成功。

第六章

你要谦虚地活着，才有骄傲的未来

放下身架才能提高身价

祢衡是三国时期的人物，他很有才华，但是却性情高傲，总是看不起别人。有人向祢衡说："你何不去许都，同名人陈长文、司马伯达结交啊？"祢衡说："我怎么能去和卖肉的小伙计们混在一起呢？"又有人问他："荀文若、赵稚长又怎么样呢？"祢衡说："荀文若外貌长得还可以，让他替人吊丧还行；赵稚长嘛，肚子大，很能吃，可以让他去监厨请客。"

祢衡和孔融及杨修比较友好，常常称赞他们。但那称赞却也傲得很："大儿子孔文举，小儿杨祖德，其余的都是庸碌之辈，不值一提。"祢衡称孔融为大儿，其实他比孔融小了将近一半的年龄。

孔融很器重祢衡之才，除了上表向朝廷推荐外，还多次在曹操面前夸奖他。于是曹操便很想见见祢衡，但祢衡自称有狂疾，不但不肯去见曹操，反而说了许多难听话。曹操十分恼怒，但念他颇有才气，又不愿贸然杀他。后来，祢衡依旧狂妄、自大，最终被杀。

古语道：人不轻狂枉少年。可悲的是，有好多人真的是太轻狂了，也确实“枉”了少年！他们不能很清楚地认识自我。他们虽然没有超长之处，却总爱张扬自己，自以为很了不起。他们感到自己的实力很雄厚，因此沾沾自喜。他们的情况是自大的一种表现，这种劣根最终只能毁了他们自己。

自大与无知是孪生姐妹。俗话说：“鼓空声高，人狂话大。”自大的人都高估自己的能力，将他人贬得一无是处，他们样样在行，别人处处不行。他完美无缺，别人都是缺点。

孔子曰：“三人行，必有我师。”鲁迅先生也曾说过，有缺点的战士终究是战士，完美的苍蝇也终究不过是苍蝇。

一个人骄傲专横，傲慢无礼，自尊自大，只会使人们对他敬而远之，避而逃之，最终会给自己带来灾祸。

中国的传统文化素来鄙视傲慢，崇尚平等待人。一般来说，知识越多，学问越广的人就会越谦虚；文化越低，气量越小的人越傲慢，被奉为千古宗师的孔子说过，不要强不知以为知，要知之为知之，不知为不知，莫忘三人行必有我师。谦逊的态度会使人感到亲切，傲慢的架子会使人感到难堪。

有位刚刚退休的资深医生，医术非常高明，很多年轻的医生都慕名前来求教，想要投靠在他的门下。资深医生就从这些人中选了一个年轻的医生做自己的徒弟，一起帮忙看诊。也因此资深医生自然而然地成了年轻医生的导师。

因为这两个人的合作无间，让这家医院的患者与日俱增，声名越传越远。后来，为了分担看诊的时候越来越多的工作量，避免患者们等待太久。资深医生决定和年轻的医生分开看诊。

病情比较轻微的患者就交给年轻的医生来诊断，而病情比较严重的患者那就由资深的医生出马。这种方式实行了一段时间之后，指明挂号让年轻医生看诊的患者越来越多。刚开始的时候，资深医生不以为意，心中还非常高兴："小病都医好了，当然不会拖延成大病，病患减少了，我也乐得轻松。"

但是有一天，资深医生发现，有几位病情非常严重的患者，在挂号的时候仍然坚持要让年轻的医生看诊，对于这个现象，资深医生是百思不得其解。

为了解开自己心中的谜团，资深医生就来到年轻医生看诊的地方仔细地观察，想看看问题到底是出在了什么地方。

他发现，在初诊挂号的时候，负责挂号的小姐都非常的客气，并没有刻意地暗示患者要挂哪一个医生的号。

等到复诊挂号的时候，问题就出来了。有很多的患者都是从资深医生这边转到年轻医生那边去的。问题就出现在所谓的"口碑效应"上，年轻医生的门诊挂号人数比较多，等候诊断的时间就会比较长，有些患者们在等候区聊天的时候，就会交换彼此看诊的经验。从而会呈现出"门庭若市"的场面，让一些对自己的病情没有把握的患者们趋之若鹜。

而且更有趣的是：年轻医生的经验虽然不够丰富，就是因为他比较有自知之明，所以在问诊的时候都会非常的仔细，慢慢地研究推敲，这样下来，跟患者的沟通就会比较多，也比较深入，而且会显得非常的亲切，客气。他还会经常给患者们加油打气："不用担心啦！回去多喝点开水，睡眠必须要充足，这样很快你就会好起来的。"类似于鼓励的话，让他开出的药方有了加倍的效果。

而反观资深医生自己，情况正好相反。因为他的经验比较丰富，所以在看诊的时候速度非常的快，很多时候往往是患者们无须开口多说，他就已经知道问题出在哪里了，资深加上专业，使得他的表情总是显得冷酷，好像已经对患者们的苦痛麻痹了，缺少了点同情心。

虽然整个的看诊过程都是非常专业认真的，但是在患者的心中却常常会产生"漫不经心，草草了事"的想法。这样一来，患者们就会产生误会和不满，也就不愿意再找他看诊了。

其实资深医生并不是故意要摆出盛气凌人的高姿态的，但是因为他的地位高高在上，也就产生了遥不可及的距离感。

达·芬奇在《笔记》中感叹道："微少的知识使人骄傲，丰富的知识则使人谦逊，所以空心的禾穗高傲地举头向天，而充实的禾穗低头向着大地，向着它们的母亲。"其实人们不应为自己已有的知识和成绩感到骄傲，因为容器的容量毕竟是有限的，如果人人都能保持谦虚的心态，让自己的心胸可以扩展到无限，人们都能谦虚处世，那么无疑就可以掌握更多的知识，取得更大的成绩。

如果你不愿意遭到别人的反感、疏远，那就切勿傲慢和过分强调自我。如果每个人都注意加强品德修养，都谨防傲慢，那将会使得彼此的人际关系更加和谐，生活也将会更加幸福和愉快。

谦虚是无限的积极能量

由于事情的复杂多样，环境的不断变化，在某些时候，利与弊会不知不觉地转换。这样就要求我们必须随时以清醒的头脑了解自己，掌握对方和周围环境，掂量我们的利和弊，而不是一味地以一般的经验办事。

因为生存竞争太激烈，南亚地区的一群大象被迫向北迁徙，最后选定了东亚的一片丛林为落脚点。在东亚的这一片丛林里，一直都只生活着一些小动物，诸如兔子、狐狸、松鼠等。大象是陆地上最大的动物，来到这个小动物的世界里，就更显得庞大了。

在驻扎下来的第二天，大象首领就颁布了三项规定：第一，所有大象，不得对其他动物说大象是陆地上最大的动物；第二，所有大象，都不得因为自己块头大而趾高气扬，更不得欺侮其他动物；第三，所有大象外出时，都必须用树枝掩盖全身，只露出头部，以使自己显得尽可能小。

此三项规定一出，大象群里一片哗然，尤其是第三项，很多大象都表示不能接受。

"我们是最强大的，我们有什么值得顾忌的？有什么值得担心的呢？"

"我们本来就是陆地上最大的动物，我们为什么不可以光明正大地说出来呢？"

"执行这样的规定，有失我们大象的脸面！"

一阵喧闹之后，大象首领站出来说话了："在这片一直都只生活着小动物的丛林里，我们的出现，无疑让所有的小动物感到不安，如果他们看到我们如此庞大，一定会本能地防备我们，将我们树为敌人。那样我们就一个朋友也交不到，也无法得到外界的帮助。如果所有的小动物们结盟，将我们视为共同的敌人，我们的处境将十分糟糕，甚至失去立足之地。我们的确有强大的力量，但这种力量要不动声色地使用，我们要对所有小动物都充满友爱，逐步将他们团结在我们的周围，听从我们的号召，而不能让他们结盟来对付我们。"

做人做事一定要谦虚，不能妄自尊大。谦虚是一种积极有力的个性，如果妥善运用，能够使人类在精神上、文化上或物质上不断地提升与进步。

苏格拉底在和弟子聊天的时候，一个出身富有的学生对其他同学夸耀他家在雅典城附近有一片特别大的庄园，他吹嘘自己多么富有。

苏格拉底一言不发地拿出了一张地图，对这个学生说："麻烦你指给我看，亚细亚在哪里？""咱们所在的这一大片都是。"学生说。"很好，那么，你指出希腊在哪里？"学生在地图上找出一小块很小的地方来。"雅典在哪里？"学生用手指着地图上的一个小点说:“好像是在这儿。”“那么现在,请你指出一下你那块特别大的庄园。”

学生很羞愧,他的田地在地图上连个影子都没有。

这个故事告诉我们,无论什么时候,我们都应该用一颗谦虚的心来面对我们的成绩和荣誉,一定要牢记“山外有山,人外有人”的道理。要知道在现代社交中一个人必须要把握的行动准则是既要显示自己,又不能贬低别人,要高调地称赞他人的成就,低调地显示自己的优点。

谦虚是无限的积极能量。只有学会谦虚,不妄自尊大,才不至于成为众矢之的。

高调夺取成功,不如低调迂回抵达终点

成功是我们每一个人都非常渴望的,但不是高调地去夺取就能获得成功的,那样只会让我们自己心力交瘁,筋疲力尽。做人做事要有长远的眼光,有持久的耐心,低调迂回也许会离成功很近。

也许在很多人看来,低调意味着一种安于平淡,没有什么追求的生活态度,这样的生活态度是绝对不会取得成功的。其实低调绝对不意味着让人没有理想,没有追求。事实上,采取低调处世的人往往才最明白自己要的是什么。他们对自己的目标已经深思熟虑,要用最快捷的手段达到这一目的。低调处世,无疑会使他们在走向自己目标的路上减去很多不必要的麻烦。

邓绥是东汉和帝的皇后，她就是一个靠低调取得成功之人。邓绥出身高门，她的祖父是建立东汉的功臣，母亲更是汉光武帝皇后的侄女。邓绥从小博学知书，善解人意。在她十二岁的时候，就被选入汉和帝的后宫。不过那个时候她的父亲刚刚去世，她必须要守丧，所以也就暂时没有入宫。当时入选的女子中有一位阴氏，貌美聪慧，深受汉和帝的宠爱，就被立为了皇后。

直到三年之后，邓绥守丧期满进宫。要知道她刚满十六岁，性格娴静，身材修长，肌肤若雪，秀骨姗姗。汉和帝的后宫粉黛，一时间被邓绥比得失去了颜色。汉和帝一见惊艳，对她十分宠爱。不过，邓绥虽然艳绝后宫，又深受皇帝宠爱，却并不因此自傲，而能保持低调的心态。她深明事理，善解人意，又自制极严，事事谨慎，一切行动均遵循礼法，不但对阴皇后十分恭敬，就是对待那些宫女、内侍们也很是体贴，因此，宫中经常有人赞扬她的品德，都对她有好感。

就是因为这样，汉和帝的阴皇后对她十分的嫉妒。虽然邓绥对她礼数不缺，极其恭敬。但是阴皇后觉得她独得皇帝宠爱，在宫中的人望也远远高于自己，就暗中把她视为仇敌。对此，邓绥并不和她计较，反而更加小心谨慎。她平时穿的衣服，若偶尔与阴皇后穿的是同一种颜色，她便立刻换掉；有时与阴皇后同时谨见和帝，她一定不与阴皇后并行，只是在侧面坐下，显出低人一等的样子；每次和帝有所发问，她也等到阴皇后先说完才开口，不和阴皇后同时说话；对于阴皇后的命令，不管对错与否，她绝不推脱怠慢，都很认真地听从。她见和帝对自己日渐宠爱，对阴皇后却日益冷淡，心中很不安宁。每当和帝想在她那里留宿，她就推说身体不适，劝和帝去阴皇后那里。和帝也赞赏她的涵养，为她的委曲求全而感慨，觉得这是太难为她了，因此对她更加宠爱。

有一次邓绥偶然生了病，和帝非常关心，常常让邓氏家属前来探望、照顾，并且破例允许他们自由往来，不限时日。邓绥却屡次劝谏说："皇宫重地，却让外戚久留。上会让陛下蒙受偏爱的嫌疑，下也会让人觉得贱妾太不知足。还是请陛下令我的亲戚们回去吧。”汉和帝很赞叹她的深自抑损，劝慰她说，你的亲戚我何必要提防呢。对她越加宠幸，暗暗有了立她为皇后的心思。

有段时间，汉和帝得了痼疾，长久卧床，一直没有痊愈。过了一段时间，反而更加严重起来，大家都以为皇帝没有希望了，邓绥日日祈祷上苍保佑和帝早日康复。可阴皇后见和帝垂危，却暗自庆幸有了报复邓绥的机会。阴皇后密语左右：“我若得志，一定将邓氏满门抄斩。”邓绥听说此事，觉得自己既然受到了皇后如此憎恨，皇上又病势沉重，肯定难逃将来的厄运，还不如现在就自杀的好。左右的侍从夺下了她的药，骗她说皇帝病好了，邓绥这才没有自杀，不久和帝的病真的渐渐好了，得知此事，就越发憎恶阴皇后，对邓绥则更加怜爱了。

阴皇后想方设法地要除掉邓绥。她和外祖母悄悄计议，暗行巫蛊，让巫师咒死邓绥以泄恨。后来此事被人告发，汉和帝下令将这些人逮捕，严刑拷问，他们承认了巫蛊诅咒的事实。本来汉和帝就看阴皇后不顺眼很久了，又发生了这样的事，便要下旨立刻把她废掉，册立邓绥为皇后。邓绥再三谦让，最终才接受。

后来，汉和帝去世，邓绥成了皇太后。她先后迎立殇帝、安帝，临朝执政十六年。她胸怀豁达，治国有方，在位期间力行节俭，反对腐败，体恤民情，为民减负，在当时有口皆碑。

在这个故事中，我们可以看到，一味地高调招摇，只会徒惹人嫌弃，更会把自己赔进去。而低调做人，谦虚谨慎，才能最终取得成功。因此坚持低调，并不是离成功更远，而是离成功很近。

花开半夏，藏好你的优越感

老舍先生曾经说过，骄傲自满是一座可怕的陷阱，而且，这个陷阱是我们自己亲手挖掘的。所以要想在事业上取得成绩，在生活中受人欢迎，那就要无论在什么时候，都不要高估计自己，低估计别人，不要目中无人。

要明白，自吹自擂，高高在上，目中无人，不但不会得到别人的尊重，反而会引起他们的反感，使自己的人际关系产生危机，使原本应该辉煌的人生之路变得暗淡无光。

唐代著名的诗人和词人温庭筠，从小就文采出众，才思敏捷。每次参加科举考试的时候，别人对那些试题苦思很久，可他却能在顷刻之间完成。据说，他只要把手交叉八次，就能做出一篇八韵的赋来。所以，当时的人都叫他“温八叉”。按说，温庭筠有这样的才华，早就应该金榜题名了，可他屡次参加进士考试，却始终没有中第。

究其原因，是因为温庭筠有一个习惯。由于他富有才华，所以在考场上早早就答完了考卷。剩下的时间，他不肯闲着，开始帮助起左邻右舍的考生来，替他们把卷子一一做完，那些考生自然对他感恩戴德，但却引起了主考官的不满，多次将他黜落。后来，他这个名声越传越远，弄得人人皆知。主考官就命令他必须坐到自己跟前来，亲自看着他。温庭筠对此不满，还大闹了一场。可即使这般严防，温庭筠还是暗中帮了八个考生的忙，自然，他自己又是名落孙山了。考了十几次还没有中第的温庭筠渐渐对科举考试失去了希望。他投到当时令狐丞相的门下去做幕客，代笔写些公文、诗词。丞相很看重他的才学，给他的待遇也十分优厚，但温庭筠却恃才自傲，对这位丞相特别看不起。有一次，皇帝赋诗，其中一句有“金步摇”，令大臣们作对。丞相对不出来，就去问温庭筠。温庭筠告诉他可对“玉条脱”。丞相不知道是什么意思。温庭筠就说“玉条脱”的典故来源于《南华经》，并不是什么生僻的书。丞相在公务之暇，也应该多看点书才是。言下之意，就是讥讽其不读书。丞相十分不高兴。又因为皇帝喜欢歌《菩萨蛮》，丞相就让温庭筠为自己代填了十几首进献给皇帝，还特别嘱咐温庭筠千万不要把这件事泄露出去，可温庭筠却将此事大肆宣扬，使得尽人皆知，丞相就对他更加不满了。

温庭筠对令狐的为人颇为鄙视，还经常作诗讥讽他。因为丞相姓氏比较少见，族属不多，所以一旦有族人投奔，都悉心接待，尽力帮助，因此很多人都赶来找他。甚至于有姓胡的人也冒姓令狐。温庭筠讽刺道：“自从元老登庸后，天下诸胡悉带令。”他还看不起令狐的不学无术，说他是“中书省内坐将军”，虽为宰相却像马上的武夫一样粗鄙。令狐得知这些事情，就更加恨他了，后来温庭筠又想参加科举考试，令狐奏称他有才无行，不应该让他中举。就这样，温庭筠终身与科举及第无缘。

温庭筠喜欢表现自己，因此得罪了主考官，得罪了宰相，还觉得不够，又把皇帝也得罪了。唐宣宗喜欢微服出行，一次正好在旅馆碰到了温庭筠。温庭筠不知道他是当今天子，言语中对他很不客气。皇帝认为他才学虽优却德行有亏，把他贬到一个偏僻小县去作了县尉。

温庭筠一直当着各式各样小得不能再小的官，穷困潦倒。有一次他因喝醉了酒而违反了宵禁，被巡逻的兵丁抓住，打了他几个耳光，连牙齿也打断了。那里的长官正好是令狐，温庭筠便将此事上诉于他，可令狐却记着当年的旧恨，并未处置无礼的兵丁，却因此大肆宣扬温庭筠的人品是如何糟糕，后来这些关于他人品差劲的话传到了京城长安，温庭筠不得不亲自到长安，在朝廷上书申说原委，为己辩白冤屈。这个时候，他对于自己过去恃才凌人的做法感到后悔，写诗有“因知此恨人多积，悔读《南华》第二篇”之句。可是这种悔悟并没有使他吸取教训。后来，他做了国子监考试的主考官，又忍不住自我表现了一回，按照一般规矩，国子监考试的等第都是由主考官而定，并无公示的必要。温庭筠可能是饱受科举不第之苦，又对自己的眼光特别有自信，于是别出心裁，将所选中的三十篇文章一律张榜公正，表示自己的公平。他觉得自己的眼光很高，态度公正，所以并不害怕群众监督。可他选中的文章中有很多都是针砭时政的，温庭筠还给了这些文章很高的评语，不免让那些权贵们心中不满。后来丞相干脆找了个理由，把他贬到外地，温庭筠郁郁不快，还没有到任就因病去世了。

其实像温庭筠这样才华横溢的人，本来应该有一番大作为的，但是他不懂得低调做人，而是一味地表现自己，目中无人，处处招惹是非，最终导致错失机会，潦倒终生。可以说，他的仕途之路是被他自己亲手断送的。所以，那些有着满腹才华的人，要懂得低调做人，低调处事的重要性，不要恃才傲物，目中无人，这样才更容易获得成功。

因为有了你，我才能更成功

有位编辑很有才气，他参与的杂志很受欢迎。有一年他得到了大奖，一开始他很快乐，但过了个把月，却失去了笑容。他说，社里的同事，包括他的上司，都在有意无意间和他作对。

为什么会这样呢？原来，他获得了大奖之后，老板还另外给了他一个红包，并且当众表扬他的工作成绩。但是他并没有在现场感谢上司和属下们的协助，更没有把奖金拿出一部分请客，所以大家虽然表面上不便说什么，心里却感到不舒服，和他产生了隔阂，所以就和他作对了。

其实就事论事，这份杂志之所以能得奖，这位编辑贡献最大。但是当有好处时，别人并不会认为哪一个人才是唯一的功臣，总是认为自己没有功劳也有苦劳，所以他独享荣誉，就会引起别人的不舒服。尤其是他的上司，更因此产生不安全感，害怕失去权力，为了巩固自己的领导地位，这位先生自然就没有好日子过了。

由于上司的白眼，同事间关系的冷漠，两个月以后这位编辑就因为待不下去而辞职了。

其实，如果这位编辑懂得低调做人的道理，学会分享荣耀，说自己的荣耀事实上是众人鼎力协助完成的，让别人受到尊重，就不会再有人和自己做对了。

一个人事业有成，春风得意时，难免锋芒毕露，若不知道收敛，而是一味地卖弄，定会伤及上下左右，招致诋毁诽谤。所以，为人处世还是低调一点好，藏巧于拙，对人对事都保持低姿态，与人分享，未尝不是明哲保身之道。

三国时期曹操的著名谋士荀攸，谋略过人，他辅佐曹操征张绣、擒吕布、战袁绍、定乌恒，为曹氏集团统一北方、建功立业做出了重要贡献。但他在对曹操，对同僚时，却不争高下，与人分享，表现的总是很谦卑。

他为曹操“前后凡划奇策十二”，史家称赞他是“张良、陈平第二”，但他本人对自己的卓著功勋却讳莫如深，从不对他人说起。即便是别人问他，他也是极力否认自己的谋略贡献，说自己什么也没有做，把荣耀都推给了别人。

当一个人平时养成“功成不居”的习惯，愿意将自己的成就与别人分享，那么他的成就也会因为和别人分享的缘故，而变得更加耀眼。

所以，你要常常对别人说：“因为有了你，我才能更成功。”

不必害怕别人太成功，如果别人因你而成功，也无须把荣耀都归于自己。

李先生是一家大型洗涤用品跨国公司的工作人员。这家公司在中国建有五个分部。这几个分部之间存在着激烈的竞争。李先生是其中一个分部的经理，为了扩大销售量，他前几天刚刚召集员工出谋划策，收效非常好。员工黄先生和钱先生根据营销经验研制的一套新营销方案受到了总部美国老总的赞扬，李先生非常高兴。

这天李先生上班早到了近半个小时，在他刚刚步入大厅的时候，正好听到了有人对话。他仔细注意，原来是黄先生和钱先生在谈话。

“老兄，上次我们俩研究的新营销方案，真的是一流的工作呢，还是只是我们自己的空想？”这是黄先生的声音。

“我们运用自己的营销方案已经见效了，这个星期的销售量不是明显提高了吗？”钱先生回答道。

“我敢说这个营销方案是一流的！”

“是啊——可你能相信他居然对此只字不提？我知道他的要求很高，但他至少应该有点表示啊！”

“他可能不会对我们有什么表示，可我敢打赌，他的老板可是什么都看在眼里——至少对他在中国所在分部出色的管理成就是很清楚的。”

“他”到底是谁？李先生自然知道……

这个故事告诉我们在交际和工作中千万不要独占全部的掌声，要对自己的合作伙伴给予充分的关心和表扬。这样不仅能显得自己大度，还能拉近与他人的距离。当你成就别人的同时，荣耀自然也不会忘记你。

老子曾说过：“不自露，故明；不自是，故彰；不自夸，故有功；不自矜，故长。”这句话就是说，一个不自我表现的人反而显得与众不同；一个不自以为是的人会超出众人；一个不自夸的人会赢得成功；一个不自负的人会不断进步。

位尊而不自矜，权重而不自傲

袁术，字公路，官至折冲校尉、虎贲、郎将。董卓进京，他逃到南阳；部将长沙太守孙坚杀掉南太守张咨，他便占据了南阳。

公元195年冬，献帝东出潼关，其护卫队伍被李傕、郭汜打败，袁术以为时机已到，便召集手下人商议，表示要做帝。他对手下众人说："现在刘氏天下很虚弱，海内鼎沸。我家世代做高官，得到老百姓的归附。我想应天顺民，称皇帝，不知诸君意下如何？"大家都不愿表态，只有主簿阎象认为时机不成熟。他说："过去周文王三分天下有其二，尚服侍殷朝，将军势力虽然不小，显然不如周文王那样强盛，汉室虽然微弱，还未像殷纣王那样残暴，就更不应该取而代之了。"袁术听了，尽管心中不高兴，见手下人这么不热心，只好暂时作罢。

后来，袁术想取得一些人的支持，对前来投归的张承说："以我土地之广，士民之众，仿效汉高祖当皇帝不行吗？"张承说："这在于德，不在于强，如果有德，虽然开始实力不大，也可以兴霸王之功，如果凭借势力就称帝，不合时宜，就要失掉群众，想兴盛是不可能的。"

袁术心里很不高兴，心想老部下江东孙策总该支持自己吧。不料孙策给他写信说："董卓贪残淫逸，骄奢横暴，擅自废立，天下的人都痛恨他，你怎能步他的后尘呢？"还说："你家五代都是朝廷名臣，辅佐汉室，荣誉恩宠，没有人能比，理应效忠守节，报答王室，这是天下人所期望的。"袁术看罢，大失所望，还气得生了一场病。

由于追求皇帝骄奢淫逸的生活，袁术把富庶的淮南地区糟蹋得残破不堪。士兵不为他卖命，老百姓也不支持他，都纷纷逃走。部下也是离心离德，形成混乱状态。对此，曹操问从袁术那边投过来的何夔说："听说袁术军中发生变乱，实有其事吗？"何夔回答说："袁术无信人顺天之实，而望天人之助，这是不可以得志于天下的。失道之主，亲戚都背叛他，何况是部下！依我看，这变乱是事实。"曹操说："为国失贤则亡，像你这样的有用之材，袁术都不善用。发生变乱，不是很正常的嘛！"

第二年夏天，袁术实在混不下去了，便放火将宫室烧掉，带着一帮吃闲饭的人到徽山去投靠他的部下陈简、雷薄，不料遭到了拒绝。袁术手下的人散去的就更多了，他像一只丧家之犬，忧懑不知如何是好。最后，他想了一个办法，把"传国玉玺"让给在河北的袁绍，仍然可以由袁家来当皇帝，自己也有个安身之处。

曹操得知这一消息后，马上派刘备和朱灵去截击袁术。袁术一到下邳，没想到被拦住了去路。

袁术只得掉头返回淮南。逃到离寿春八十里的江亭时，终于一病不起。身边已无粮食可吃，询问厨子，回说只剩有麦屑三十斛。将麦屑做好端来，袁术却怎么也咽不下去。其时正当六月，烈日当空，天气酷热，袁术想喝一口蜜浆，却怎么也找不到。袁术坐在床上，独自叹息了许久，突然一声惊呼："我袁术怎么落到了这个地步啊！"喊完倒伏床下，在吐血一斗多之后死去。

袁术目中无人，刚愎自用，不听忠言，最终只落得个悲愤而死的下场。与比自己低的人交往，不要高傲怠慢，放不下架子。居高临下地发号施令，盛气凌人，人们必定会对他避而远之，朋友们也会越来越远离他。对别人态度傲慢的人，往往会看不到别人的长处，更看不见自己的短处，就这样夜郎自大下去，只会连一个朋友也交不到，连必要的合作共事都会有问题。千万不要以不恰当的态度对待朋友和身边的人，因为他们是重要的伙伴和力量，如果连他们也失去了，那就真的什么也没有了。

为人处世高高在上，俯视众人，就会失去朋友，受到大家的唾弃，进而被远离，众叛亲离；平易近人，不刚愎自用才能得人心，得人心才能干大事。在人际交往中，人们更容易喜欢那些和善、平易的人，架子太大，傲慢自恃，必定会败得很凄惨。位尊而不自矜，权重而不自傲，名显不炫，功高不居，才会赢得众人的尊重，成为人心归向。

第七章

世界上最大的谎言就是"你不行"

我就是我，是颜色不一样的烟火

我们为什么不用自己的"尺度"来判断自己，而是用别人的"标准"来衡量自己，我们这样做，毫无疑问，只会带着低人一等的感觉。也因为这样，我们得到一个错误的推理，我们没有"价值"，我们不配得到成功和快乐，从而产生自卑心理。

在我们的生活中，至少有95%的人的生活多多少少受到自卑感之害而妄自菲薄，数百万不成功与不幸福的人也受到自卑感的严重阻碍。

自卑是一种因过多地自我否定而产生的自惭形秽的情绪体验。自卑感是一种觉得自己不如他人并因此而苦恼的感情。有这种心理状态的人，常常对自己的能力、品质等做出贬低的评价,总认为自己比别人差而悲观失落、丧失信心。自卑的最大负作用,就是会让你的人生碌碌无为。

自卑会控制你的生活,在你有所决定、有所取舍的时候,抹杀你的勇气和你的胆略;当你一遇到困难时,它会站在你的背后大声地吓唬你;当你奋勇前进的时候,它将拽住你的衣袖,叫你小心雷区。

我们常常发现,生活中的很多人,他们总是喜欢拿别人的优点、长处与自己的缺点和短处进行比较,他们总是觉得自己不如人,殊不知自己身上也蕴藏着无穷无尽的潜力。久而久之,就会丧失信心,情绪萎靡,然后更加自卑了。

其实,卑下与优越只是一枚硬币的两面,只要了解了这枚硬币本身,这个问题就迎刃而解了。

毕业于美国加州大学的华裔数学家王章程,他的同学在毕业之后大多数都去了大财团和大公司里工作,只有他一头扎进了加州私人研究室里,这么一待就是十年。在这十年中,他的收入非常低,在他三十多岁的时候还买不起属于自己的房子。而他的同学们都早已经是月收入几十万甚至上百万美元的大老板了。他们开着高档的轿车,住着豪华的别墅,娶了漂亮的妻子。再看看王章程,他连女朋友都没有。但是他不去拿他同学们的标准来衡量自己,他只对自己的事业感兴趣。虽然他的生活比别人差了好几个等级,但是他本人好像浑然不知。在外人的眼中,王章程的生活是世界上最糟糕的一种。

王章程不管这些,他如饥似渴地做着自己的研究。终于,在他三十五岁那年,他攻克了世界上两项顶级的数学难题。从这以后,美国有十几家大学先后聘请他去任教。好多年过去了,在世界数学界里,王章程被称为数学之王,而他的那些同学是永远也做不到这一点的。

作为一个人,不必拿别人的标准来衡量自己,与别人比较高下,因为地球上没有人和你一样,也没有和你同一等级的人。你是一个人,你是独一无二的，你没办法拿别人的标准来衡量自己，同时也没办法把自己的标准拿去衡量别人。

所以，我们要相信自己所拥有的潜能，挖掘和发挥我们自己本身的一切，这样取得的成功才是属于我们自己的成功！

你都不相信自己，别人怎么相信你

在我们的一生中，做决定的时刻毕竟是有限的，而有些重大的决定则会直接影响到我们的一生。由于自卑，我们裹足不前，凡事畏首畏尾，这也就导致我们终至一事无成；因为自卑，我们失去了暗恋已久的异性，失去原本可能成为知己的同窗；因为自卑，我们不敢表现自己，不敢大胆地说出自己的看法，以至于到最后都被他人占了先机。

英国人弗兰克林因为自卑与诺贝尔奖擦肩而过。1951年，他发现了DNA的螺旋结构，就此还举行了一次报告会。然而弗兰克林生性自卑多疑，总是怀疑自己论点的可靠性，后来竟然放弃了自己先前的假说。可是就在两年之后，霍森和克里克也从照片上发现了DNA分子结构，提出了DNA的双螺旋结构假说。这一假说的提出标志着生物时代的开端，因此而获得1962年度的诺贝尔医学奖。

试想，如果弗兰克林是一个积极自信的人，他坚持了自己的想法，并且继续进行深入研究，那么这一伟大的发现将永远记载在他的名字之下。一个本来可以取得惊人成绩的发现，却因自卑功败垂成，这不能不让人扼腕叹息。

小韩原本是在营业科当科长的。忽然有一天，他接到了人事处的命令，把他调到了供应科。在这家公司里面，供应科的地位远远不如营业科，这样的调动，相当于贬了小韩的职，前途会受到很大的影响。小韩被调职之后，整天坐在办公室里，慢慢地自卑起来，一直都闷闷不乐，心灰意冷。

有一天他的同事看见他，很惊讶地说："你现在怎么变成这个样子了？"

小韩猛然惊醒，心道：是啊，以前的我从事销售工作的时候，整天往外跑，信心十足，为什么现在会变成这个样子呢？

于是，他重新打起精神，全身心地投入到工作中去，慢慢他就发现供应科也有用武之地，而且，对于整个公司而言，供应科也是起着举足轻重的作用的，只不过是大家平时把它忽略了而已。

就这样，小韩重新找到了工作的意义，自信又回到了他的身上，工作起来也是如鱼得水，得心应手。而且，他的积极态度也感染了他的下属。由于出色的工作成绩，供应科获得了总公司颁发的两次特别奖金。之后的不久，小韩就又收到了一张人事调令，他被调到营业部当总经理去了。

本来，小韩被调去供应科的时候，已经丧失了自信心，自卑了起来，但是还好，他最终恢复了自己的自信心。可以说，自卑会让人碌碌无为，而自信则是成功者应该具备的素质。

所以说，不管在任何时候，我们都不能让自己困在自卑的巢穴里，要勇敢地走出来，用自信打败我们所面对的一切的困难和挫折，只有这样，我们的人生才能被称为是真正的人生。

其实没有人注定一生平庸。我们才是自己命运真正的主人。如果我们想走向卓越，就必须首先打碎自卑的枷锁，信心十足地去做每一件事。

有一次，一名意志消沉的经理前去寻找美国著名成功学家拿破仑·希尔的帮助，他因为合伙人的破产而变得一无所有。拿破仑·希尔于是要求他站在厚窗帘的前面，并且告诉他："你将看到这世上唯一能使你重获信心并且克服困难的人。"藏在窗帘底下的其实是一面镜子。因此,当希尔将这块窗帘解开,出现在经理面前的不是别人,正是他自己。

经理用手摸摸自己长满胡须的脸孔,对着镜子里的人从头到脚打量了几分钟,不禁陷入了沉思,过了一会儿向希尔道谢后而离开。

几个月后,经理再次现身在希尔面前,但他已非当日意兴阑珊的失意者,而是从头到脚打扮一新,看起来精神焕发、信心十足的样子。他告诉希尔:"那一天我离开你的办公室时还只是一个流浪汉,但我对着镜子找到了我的自信。现在我找到了一份薪水不错的工作,我确信自己从前的成功肯定还会降临。"

巴斯德说过,也许整个人生比我想象的要容易几万倍,关键是要有勇气,要自爱、自信,做到了这一点,就会有神力自天而降了。

所以说,不要再自卑了,如果我们一直对自己没有信心,认为自己没有希望,那就更不要指望别人能对我们抱有多大的幻想。这样久而久之,我们的人生就会暗淡无光,碌碌无为。

只看你拥有的,不看你没有的

自卑,是人与生俱来的一种心理。人类的自卑感,是精神分析学派心理学家首先提出,而后广泛流行的术语。从广义上来讲,它泛指对自己持批判或否定的任何态度,而在这种态度的背后,则是一种无能感、无力感、弱小感或恐怖感。从这些基础感受出发,我们可以看出自卑感是人人都具有的,只不过是程度上的不同而已。

自卑心理是指由于不适当的自我评价和自我认识所引起的自我否定、自我拒绝的心理状态。自卑,并不是指客观上看来自己不如别人,而是主观上认为自己不如别人,认为自己不够好。例如,在现实生活中,有人经常怨自己愚钝,学东西没有他人快,反应总是慢半拍;在重要的会议上,有人将早已准备好的演讲稿藏起来,恐怕遭到他人的嘲笑;每做一件事,有人总觉得自己处理得不够完美,要是他人去做,结果肯定比自己好。这些都是自卑心理在人们身上的体现。

自卑的人情绪低落,对什么也不感兴趣,忧郁、烦恼、焦虑包围着他。无论对待什么工作都是心灰意冷、万念俱灭,失去了奋斗拼搏、锐意进取的勇气。倘若遇到困难或挫折,更是长吁短叹,怨天尤人,抱怨生活给予自己太多的坎坷。自卑的人性格懦弱、内向、意志比较薄弱。这种人对于别人的误解与无端责难总是习惯妥协、沉默、忍受。他们常因害怕被人轻视而很少交际,缺少知心朋友,甚至自疚、自责、自罪。自卑的人,信心不足,做什么事情都犹豫不决,他们不敢与人竞争,因而抓不住稍纵即逝的各种机会,享受不到成功的喜悦。

自卑,是对个人能力的过低评价。每个人自卑的原因不同,有家境、相貌、能力等等。但是我们发现,这些缺点或不足,并不是自卑的起因,最根本的是思想认识的错误——完美主义在作怪!完美主义者产生自卑的原因有很多,他们喜欢用过高的标准作为自己的目标,结果是自己永远处于达不到要求的位置上,导致自卑感的产生。事业、爱情、家庭、容貌、血液,哪怕是一个小小的发卡,也会让他们找到自卑的理由。在人群中你如果真的要分出一个一二三四,也许他们会是二等的贵族,比上不足比下有余,但他们的眼睛却始终盯着前方,然后生出很多不满足,却又无力改变,然后自然而然产生追求完美而不得的自卑。因此,若想走出自卑,就要放弃追求完美的心态。

解放黑奴的美国总统林肯克服了自己生理上的自卑感,力求从教育方面来汲取力量,在自己的长处、优势上去努力,最终成了有杰出贡献的美国总统。伟大的音乐家贝多芬在完全失聪的情况下,克服重重困难创作了优美的

《第九交响曲》。强者不是天生的，也有软弱的时候，强者之所以成为强者，是因为强者善于战胜自己的软弱。伟人之所以伟大，在于他们始终保持着一种积极乐观的心态，比普通人更自信。

战胜自卑的过程，其实是锻炼心态的过程，是战胜自我的过程。这就要求我们正确对待自身缺点，把压力变成动力，奋发向上，以一种积极的态度进行理性的思考，不断把个人独特的力量变成有效的行动。这样，才能将自卑从心里赶出去。

自卑会让我们做事情没有底气，犹犹豫豫，认为自己这不能行，那不能做，到最后只能是一事无成。更有可能我们会一生都活在自卑所带给我们的屈辱生活中。我们一定要相信自己，用自己的自信心去完成我们所面对的一切事情，把自卑从我们的心底狠狠地扫除，只有这样，成功才会触手可得。

自信能力的强弱与过去成就感的积累有着密不可分的关系。有些人自卑，没有自信，皆是由于过去没有成功的经历，反正做什么都失败，久而久之自然垂头丧气，总认为自己是个倒霉的人，失败的人。所以要慢慢练习，慢慢积累自信。一开始只要把小事做到最好，让小小的成就累积出一点自信，渐渐地由小而大，积少成多，当成就感不断提升时，信心也就建立了。

物理学家钱教授来华时谈起他中学时代的一段经历。那时很多学生作弊，不求上进。一位责任心很强的老师就从三百个学生中挑选六十人组成了“荣誉班”，他也在其中。当时老师明确宣布，是因为他们有发展前途才被挑选出来的。对此，被选进的人十分高兴，对前途充满信心，踏实学习，后来大多成了才。这次，钱教授遇到那位老师时，才知道这六十位学生是随意抽签决定的。这件事很发人深思。由于学生被告知他们是“很有发展前途”才被挑选出来的，这就使学生产生了强烈的自信心，因而自尊、自爱、自强而终于成才。可见，树立自信心，接受自己，肯定自己是走向成才之路的第一步。

要想战胜自卑，就要自信，要建立自信，就要先接受和肯定自己。

一个叫黄美廉的女子，自小就患上脑性麻痹症。此病让人肢体失去平衡，手足经常乱动，眼眯着，头仰着，嘴巴张着，口里含糊其辞，模样极为怪异。这样的人其实已失去了语言表达能力，相当于哑巴。

但黄美廉却凭着惊人的毅力完成了学业，并被美国有名的加州大学录取，后来她又获得了艺术博士学位。她靠手中的画笔，还有很好的听力，来抒发自己的情感。

在一次演讲会上，一个中学生竟然向她提出了这样的问题："黄博士，你从小就长成这个样子，请问你怎么看你自己？"一语说完，全场静默，人们都暗暗责怪这个学生不敬，但黄美廉却淡然一笑，然后在黑板上写下了这么几行字："一，我好可爱；二，我的腿很长很美；三，爸爸妈妈那么爱我；四，我会画画，我会写稿；五，我有一只可爱的猫；六……"最后，她以一句话作结："我只看我所有的，不看我所没有的！"

黄美廉此举赢得了经久不息的掌声，她以自己的亲身经历，道出了走好人生路的真谛：人不可自卑，要接受和肯定自己。接受自己就是不否认自我，不回避现实；肯定自己就是尽力发挥自己的优势，多看多想自己好的一面，就能增强信心，充满活力。

那些成就大事业的卓越人物在开始做事之前，总是会具有充分信任自己能力的、坚定的自信心，深信所从事之事业必能成功。这样，在做事时他们就能付出全部的精力，排除一切艰难险阻，直达成功的彼岸。

自信能引导一盏生命的明灯，一个人没有自信，只能脆弱地活着。反过来讲，因为信心的力量是惊人的，他可以改变恶劣的现状，达到令人满意的结局。充满信心的人永远击不倒，他们是命运的主人。强烈的自信心可令我们每一个意念都充满力量。如果你用强大的自信心去推动你事业的车轮，你必将赢得人生的辉煌。

你的能量超乎你的想象

天生我材必有用，正所谓真金不怕火炼，只要你是有才能的人，那么终有一天你会成功的。

西班牙著名画家穆律罗发现他的学生的油画布上经常会有未完成的素描，画面相当协调。然而这些草图通常都是在深夜完成的，一时之间难以判断作者为谁。

一天早晨，穆律罗的学生陆续来到画室，聚集在一个画架前，不由得发出惊讶的赞美声。油布上呈现着一幅尚未完成的圣母玛利亚的头部画像，优美的线条，清晰的轮廓，许多笔调无与伦比。穆律罗看后同样震惊不已。他挨个问学生，探查谁是作者。可学生都遗憾地摇头，穆律罗感慨地赞叹道："这位留画者总有一天会成为我们所有人的大师。"

他回头问站在旁边颤抖不停的年轻奴仆："塞伯斯蒂，晚上谁住这儿？"

"先生，除我之外，别无他人。"

"那好，今晚要特别留神，假如这位神秘的造访者大驾光临而你又不告诉我，明天你将受罚三十鞭。'塞伯斯蒂默默屈膝，恭顺而退。

那天晚上，塞伯斯蒂在画架前铺好床铺，酣然入睡。次日钟鸣三响，他倏然从床铺上蹦起来，自言自语地说："三个小时是我的，其余是我的导师的。"他抓起画笔在画架前就坐，准备涂掉前夜的作品。塞伯斯蒂提笔在手，眼看画笔即将落在画上时却凝然不动了。他呼喊道："不！我不能，决不涂掉！让我画完吧！"

一会儿，他进入了画画的境界：时而点缀色彩，时而添上一笔，然后，再配上柔和的色调。三个小时不知不觉悄然而逝。一声轻微的响声，惊动了塞伯斯蒂。他抬头一看，穆律罗和学生们静悄悄地站在周围！晨曦从窗户中透过，而蜡烛仍在燃烧。

天亮了，塞伯斯蒂依然是个奴仆。所有人的目光都投向塞伯斯蒂，流露出热切的神情。他双眼低垂，悲切地低下头。

“谁是你的导师，塞伯斯蒂？”

“是您，先生。”

“我是问你的绘画导师？”

“是您，先生。”

“可我从未教过你。”

“是的，但您教过这些学生，我聆听过。”

“哦，我明白了，你的作品相当出色。”

穆律罗转身问学生们：“他该受惩罚还是该奖励？”

“奖励！先生。”学生们迅速回答。

“那么奖励什么呢？”

有的提议赏给一套衣服，有的说赠送一笔钱，这些无一让塞伯斯蒂动心。有个学生说：“今日先生心情愉快，塞伯斯蒂，请求自由吧！”塞伯斯蒂抬头望着穆律罗的脸庞：“先生，请给我父亲自由！”

穆律罗听后深为感动，深情地对塞伯斯蒂说：“你的画笔显露出你非凡的才能，你的请求表明你心地善良。从现在起，你不再是奴仆，我收你为徒，行吗？……我穆律罗多么幸运啊，竟然造就出一位了不起的画家！”

直到今天，在意大利收藏的名画中，仍能看到许多穆律罗和塞伯斯蒂的精美作品。

从上面的这个故事中，我们不难发现，要充分认识自己的价值，相信自己很重要，千万不要轻视自己，要相信天生我材必有用。只有这样，我们才能获得成功。

在生活中，我们总是非常羡慕别人的成就，别人的幸运，别人的才华等等，总是认为别人要比我们强得多。不管做任何事情都非要得到别人的肯定，这样做有什么用呢？世界上没有不可能的事情，不要说"我不行"这三个字。每个人都是不同的，每个人都有自己优秀的一面。人与人之间的差别不过就是在于如何认识、发掘和重用自己。

当然最重要的一点就是你要认为你能行，然后去再去尝试，在尝试的同时要在心里强化"我能，我一定能"的信念，要肯定自己，让自己信心满满，只有这样，我们才能发挥出自己的潜力。

有一个名叫莲娜的小女孩，她一生下来就没有双臂，并且左腿也只有右腿的一半长。当初，在她的母亲分娩之前，医生就曾沉痛地告诉过她的父母："这孩子即使有幸活下来，也会是重度残疾。"

但是，她的父母平静地接受了这个现实，并且决定要用自己的爱把女儿抚养长大。在莲娜刚开始学走路的时候，她经常跌倒，她曾一度哭喊着想让别人抱她或者扶她，但是她的妈妈总是站在一旁看着她，鼓励她："你爬到墙边，靠着墙，就可以站起来了。"

在莲娜六岁的时候，父亲开始教她游泳。在父亲的悉心指导下，她慢慢地可以在水中像小鱼一样无拘无束地游泳了。几年之后，莲娜接受了正规学校教练的指导，学会了很多不同的游泳技巧，这让她的成绩得到了突飞猛进的提高。

在她十五岁的时候，她刷新了瑞典100米蝶泳和200米自由泳纪录，也因此而获得了进入国家代表队接受训练的机会。

莲娜十八岁的时候，在法国举行的世界游泳赛中获得了4枚金牌，而且还打破了100米蝶泳的世界纪录。

更令人意想不到的是她的嗓音也极其甜美，没有双手，她就用脚趾弹钢琴。她在申请斯德哥尔摩音乐大学的时候，就是用脚自弹自唱了一首名叫《我很丑》的歌。她那十分奇特的表演，感动了所有在座的教授专家，获得了入学资格。现在，她已经是一名出色的歌唱家了，经常到世界各地巡回演出。

所以说，不论在什么样的情况下，不论发生任何的事情，只要我们自己相信自己，坚信天生我材必有用，那就一定会取得成功。要知道相信自己并不是一个空洞的口号，而是我们想要获得成功必备的一种素质。相信自己一定能行的人，无论遇到什么样的困难和挫折，都能在积极心态的支配下，坚持到底，不轻言放弃。也因此，我们一定要让相信自己的这个理念扎根在自己的内心深处，让它跟着我们的血液一起流淌，跟着我们的心脏一起跳动。

海明威说过："人不是为失败而生的。"要相信自己，相信人生的光明面，会让我们在面临恶劣的环境时，仍然能做到最好。很多的事实也证明，当我们往好的一方面看的时候，就有可能会成功。因为积极的思想是一种深思熟虑的过程，也是我们做出的一种主观性的选择。

要知道，我们所有的人都有自己的优点和缺点，每个人都是不同的，别人走的路不一定适合你走，但是别人走不通的路，说不定你就能走通。我们要永远对自己充满信心，相信自己是独一无二的。不论前方是多么大的痛苦和挫折，我们都要积极地去面对，不胆怯，也不畏缩，努力突破自己的极限，我们一定会迎来胜利的曙光。如果我们自卑、胆小、懦弱，那么我们就永远不可能成功。要相信自己，相信天生我材必有用，时刻让自己的人生充满自信的光芒。

意志力是锻炼出来的

成功者们多拥有坚忍不拔的意志，这也正是自卑者们所缺少的。所以当我们看那些成功之士的时候，不要把他们的成就只归功于机遇和环境，毕竟这些只是外在的因素，我们更应该看到的是在鲜花和荣耀围绕之下的成功之士们都拥有多么坚强的意志。

松下电器公司想要招聘一批基层管理人员，他们决定采取笔试和面试相结合的办法。计划招聘十人，但是报考的人却达几百人。在经过了一周紧张的面试和笔试之后，电子计算机通过计分选出了十名佼佼者。但是当松下幸之助将录取者一个个过目的时候，却发现有一位笔试成绩特别出色，而且面试的时候也给他留下了深刻印象的年轻人神田三郎并没有在这十人之列，当即让人复查情况。复查的结果显示，神田三郎的综合成绩名列第十二位，只不过是因为电子计算机出了故障，把分数和名次排错了，导致神田三郎落选。于是松下幸之助赶紧让人纠正错误，并且给神田三郎发了录取通知书。

但是第二天松下幸之助先生却得到了一个惊人的消息：神田三郎因没有被录取而一下子自卑起来，跳楼自杀了。录取通知书送到的时候，他已经死了。

在听到这个消息之后 松下幸之助沉默了好久，他的一位助理也在旁边可惜地说：“这么一位有才干的青年，我们没有录取他。”

“不，”松下摇摇头说，“幸亏我们公司没有录用他，意志如此不坚强的人是干不成大事的。”

人生不如意事十之八九，如果仅仅是因为求职未被录取就拿死亡来解脱的话，那是非常不明智的。

想要生活和工作不出现危机的话，就一定要把自卑变为发奋的动力，只有这样，我们才能走向成功和卓越。战胜自卑心理，就是战胜一种丧失信心的自我的心理。如果这种自卑感得不到控制的话，就会在不知不觉间给自己的人生蒙上一层阴影。自卑感不是不可克服的，就看你去不去克服了，世界上有许多的成功者都是在克服了自己的自卑后走向成功的。

从前有一位推销员，他在从事这份工作之前，常常为自己的自卑感到苦恼。因为每当他站在某位大人物的面前的时候，就变得局促不安，结结巴巴的都不知道自己在说些什么，不过还好，最终他终于克服了这个困难。

他在开始从事推销工作之初，非常胆怯，虽然对方亲切地款待，他也总觉得自己站在人家面前就会变得非常渺小。他透露当时的心情说：“在那些人面前，我觉得自己好像是个小孩。由于自卑感作祟，当时我脑袋里一片空白，原已演练多遍的推销辞令变成乱无章法的喃喃自语。坐在大人物面前，我只觉得自己不断地缩小，他们一个个都变成了可怕的巨人！”

“但这种现象我没让它持续下去，因为我惊觉，如果不想办法扭转逆势，这种工作再干下去也没什么意思。而且那时候我也快被自卑感逼至崩溃边缘，但我又一想，把大人物看成小娃儿又会是什么情况？”

“从我开始有了这种想法，便开始尝试，没想到效果出奇的好。当然，他们并不是真的变成小孩子，只是在我眼里他们都成了十四五岁的毛头小伙子。不过，事情真的是有所转变的，他们就像朋友一般，说起话来非常自然，我也一样。自从能站在平等立场与他们交谈之后，我的心情就变得轻松自然多了。从此之后，我的观念就有了180度大转变，自卑感也不见了！”

要知道生活是多姿多彩的，我们要面临很多的挑战和困难，我们只有把自己的自卑转换成发奋的动力，才能使自己走向成功和卓越！

揭掉别人给你贴的标签

生活中经常有人这样问你：你是谁？你对自己怎么评价？你会如何自我描述呢？在这个时候，你是不是不自觉地就会使用一些别人附加在自己身上的小标签，在你的答案中，是否经常用到类似于"我……"这样的句子？

"我胆子很小……"

"我很懒惰……"

"我记性差……"

"我没有艺术天分……"

在我们生活的周围很多人都喜欢给自己贴满这些标签，好像是时刻准备着一次性地表明自己，好让自己一次又一次地畏缩在这些"龟壳"之下。要说这些标签本来是没有什么过错，但是因为过多地使用了贬义和否定的词语，给我们的心灵造成了一定的伤害，也让我们变得自卑，敏感起来，只肯按照别人给的标签生活。

撕掉过去的标签，让我们能够偶尔脱离现状，看清楚自己的位置，让我们明白退步原来即是向前。生活中很多时候，必须看清自己处在什么位置。要适时地给自己一个新的定位，重新认识自己，重新开始自己的事业。无论是在现实还是在梦想中，都要告诉自己我要破茧成蝶。

大家都熟悉的NBA球星巴特勒就有着苦难的过去，少年时贫穷、犯罪曾经伴随他的生活，巴特勒说过："打篮球不是压力。"那么他的压力是来自于什么呢？他的压力来自于看着自己的单亲妈妈为了养活自己和弟弟而做两份工作；来自于十四岁的时候因为在学校里持有可卡因和枪支被捕而面临十四个月的刑期；来自于想让人相信自己能够改过自新。

巴特勒说："当你把生活搞得一团糟，人家把你关在小房间里，和大家都隔离开的时候，你真的需要好好反省反省自己的所作所为了。"

杰梅尔在威斯康星州开办了一个拯救失足少年的活动中心，他帮助巴特勒重新做人，他说："巴特勒不是一夜之间就转变的。他明白了要走上正路，必须有耐心。在街头混，做一些惊天动地的事情可以让你一夜成名，同时也能让你一无所有。"

杰梅尔为了进一步打磨巴特勒在监狱中培养起来的篮球基本功，就让巴特勒参加了比赛，在一次比赛中巴特勒赢得了最有价值球员称号。虽然巴特勒吸引了全国大学的注意，但是很多学校因为他的前科而对他关闭了大门。不过还好，吉姆大学给了巴特勒机会，巴特勒进入了NBA。他说："我不是坏人，以前也不是坏孩子，我只是做了一些非常错误的决定。"

巴特勒的经历曾经让他被众人看不起，致使他一度自暴自弃，自卑敏感。不过难能可贵的是他能够改邪归正、浪子回头，摒弃以前的自己，重新做人。而其他很多想摆脱街头暴力的孩子，却没有足够的决心让自己从过去中抽身而出，认为自己就是这样了，摆脱不了过去的阴影，永远带着过去的标签，永远不敢抬起头往前看，永远地自卑下去了。

我们要撕掉过去的标签，不要总认为自己是多么的渺小，不要活在别人给你贴的标签中。要知道，在这个世界上，没有谁是注定会成为伟人的，也没有谁是注定渺小的。只要我们自己肯努力，总有一天我们会成功地破茧成蝶。

找对自己的位置，宝贝放错地方就是垃圾

在很久以前的法国，一位名叫南若的移民站在河边发呆。这天是他三十岁的生日，可他不知道自己是否还有活下去的必要。因为南若从小在福利院长大，不但身材矮小，长得也不怎么样，讲话又带着浓厚的法国乡下口音，所以他认为自己是一个既丑又笨的乡巴佬，不敢到任何一家公司去应聘。他没有工作也没有家。

就在南若徘徊于生死之间的时候，和他从小一起长大的约翰兴冲冲地跑过来对他说：“我刚刚从收音机里听到了一则消息，拿破仑曾经丢失了一个孙子。播音员描述的相貌特征与你丝毫不差！”“真的吗？我竟然是拿破仑的孙子？”南若瞬间精神大振，联想到爷爷曾经以矮小的身材指挥着千军万马，用带着意大利口音的法语发出威严的命令，他顿时感到自己矮小的身材同样充满力量，讲话的时候法国口音也带有几分高贵和威严。

第二天，南若便满怀信心地来到一家大公司应聘。二十年后，已成为大公司总裁的南若，查证了自己并不是拿破仑的孙子，但这早已不重要了。为此他总结道：“接纳自己、欣赏自己，将所有的自卑全都抛到九霄云外。我认为，这就是成功最重要的前提！”

在生活中，很多人之所以不能接纳自己，是因为他们老是把眼光放在别人身上，总认为别人是最好的，而自己是最差的。其实我们完全没有必要这样看，我们完全可以用另一种眼光来看待自己。记得有人曾经说过：如果你是骆驼，就不要去唱苍鹰的歌，骆驼同样具有魅力。记住，你是世界上独一无二的，

你是构成这个世界的一分子。地球上的每棵树都扎根于适合自己生长的土地中，机器上的每个零件都安守在自己的位置上。我们要接纳自己，找准自己的位置，才能拥有自己人生的成功之路。

在《庄子》里有这样一则故事：子祀和子舆是好朋友。有一天，子舆生病，子祀去探望他。见面的时候，子舆对子祀大发感慨："伟大的造物者啊，竟把我变成驼背模样。我的背上生了五个疮，脸面因佝偻而低伏到肚脐；两肩隆起，高过头顶，脖颈骨则朝天突起。"子祀问他是不是讨厌这种病。子舆悠闲地说："不，我为什么要讨厌它呢？假使我的左臂变成一只鸡，我便用它在夜里报晓；假使我的右臂变成弹弓，我便用它去打斑鸠来烤了吃；假使我的尾椎骨变成车轮，我的精神变成了马，我便可以乘着它遨游，无须另备马车了。再说吧，得是时机，失是顺应，安于时机而顺应变化，哀乐自然不能侵入心中。这就是自古以来的解脱。那些不能自我解脱的人，就要被外物所奴役束缚了。物不能胜天，这是不变的规律。当我改变不了它的时候，我为什么要讨厌它呢？"

庄子讲的这个故事道出了生活的智慧：人必须接纳自己，依照自己的本质好好地生活，不能盲目地羡慕和比较。

风险与收获常常是结伴而行的。可以说，风险有多大，成功的机会就有多大。我们的生活和事业处于一种难以突破的瓶颈地带时，可以这样问自己：要继续这样得过且过，还是要坦然接受风险，重新打造自己的人生，绝不允许自卑的情绪泛滥成灾。

有一句话说："天下无人不自卑。"无论圣人贤士、富豪王室，还是贫农寒士、商贩，在他们孩提时代的潜意识里，都是多多少少有些自卑的。但做人想要成就一番事业，首先要尽力清除人类天性里的不良因素，用坚定代替懦弱，用自信代替自卑。有自卑心理的人不愿和别人来往，他做事情缺乏自信，没有竞争意识，享受不到成功的喜悦，对任何事都心灰意冷。自卑的人还常常低估自己，即使他们也会觉得自己很失败，而且他们容易受别人的影响，如果别人对自己的评价较低，他们就会相信别人的评价。此外，自卑的人喜欢拿自己的短处与别人的长处比，越比越觉得自己不如别人，越觉得灰心，自卑感越深。

很多人在经历成长过程的时候,都非常的不相信自己,不能接受自己。总认为别人拥有的都是好的,别人能成功都是理所当然的。认为自己满身的缺点,是永远不可能会成功的。就这样,放弃自己,不接受自己,从而与成功绝缘。

所以我们要学会接受自己,相信自己。在自信心的驱使下,敢于对自己提出更高的要求,并且在失败的时候不会放弃,最终获得成功。球王贝利初到巴西最有名气的桑托斯足球队时,他非常害怕那些大球星,认为自己没有办法与他们相提并论,紧张得一夜未眠。他本是球场上的佼佼者,但却无端地怀疑自己,不相信自己。后来他设法在球场上忘掉自我,专注踢球,保持一种泰然自若的心态,从那以后,他便以锐不可当之势踢进了一千多个球。球王贝利战胜自卑的过程就是不要怀疑自己、贬低自己,要学会接受自己,勇往直前,付诸行动,就一定能成功。

强者也并不是天生的,也不是没有软弱的时候,强者之所以成为强者,是因为能接受自己,战胜自己的软弱。那些向往成功、不甘在生活中沉沦的人,都应该牢记一句至理名言:“最优秀的就是你自己!”只有自己才是自己生命的重心,也只有自己才能给自己肯定,才能发掘出自己的潜力,才能实现最佳的突破。

所以说不论做任何事情,都要接受自己,相信自己,因为只有接受和相信自己,你才能把事情做好,遵循内心的梦想努力实践,自身才会充满生命的能量,充满生命的激情。我们要接受自己,相信自己,不论前途多么崎岖,我们要坚定地走下去,只有这样,成功才会是我们的囊中之物。

第八章

没有方向，什么风都不是顺风

用你最大的努力聚焦目标

塞涅卡说过，有的人没有任何目标，他们在世间行走，就像河中的一叶扁舟，随波逐流。

苏格拉底在课堂上给学生讲课的时候，拿出一个苹果，站在讲台前说："请大家闻闻空气中的味道。"

一位学生举手回答："我闻到了，是苹果的香味！"

苏格拉底走下讲台，举着苹果慢慢地从每个学生面前走过，并叮嘱道："大家再仔细地闻一闻，空气中有没有苹果的香味？"

这时已有半数学生举起了手。

苏格拉底回到了讲台上，又重复了刚才的问题。这一次，除了一名学生没有举手外，其他的全都举起了手。

苏格拉底走到了这名学生面前问：“难道你真的什么气味也没有闻到吗？”

那个学生肯定地说：“我真的什么也没有闻到！”

这时，苏格拉底向学生宣布：“他是对的，因为这是一只假苹果。”

这个学生就是后来大名鼎鼎的哲学家柏拉图。

一些没有独立见解的人，跟在他人后面随声附和，对于他人说的话，一不验证，二不思考，别人说什么，跟着说什么，对不对不管，反正有人说了。

自己没主见就等于没有思想，自己没有主张就等于没有主意。只会随波逐流，人云亦云的人会一生无用，一事无成。做人应该有自己的主见，不要人云亦云，被别人牵着鼻子走。

人才的可贵之处就是在于有主见，有创见，不随波逐流，这种人才是有思想、干实事的人。

哈佛大学有一个非常著名的关于目标对人影响的跟踪调查，对象是一群智力、学历、环境等条件都差不多的年轻人，当时的情况是：

27%的人，没有目标；

60%的人，目标模糊；

10%的人有清晰，但比较短期的目标；

3%的人，有清晰且长期的目标。

经过二十五年的追踪研究得到的他们的生活状况及分布现象十分有意思。

那些占3%者，二十五年几乎都不曾更改过自己的人生目标。二十五年来他们都朝着同一个方向不懈努力，二十五年后，他们几乎都成了社会各界的顶尖成功人士，他们中不乏白手创业者、行业领袖、社会精英。

那些占10%有清晰短期目标者，大都生活在社会的中上层。他们的共同特点是，那些短期目标不断被达成，生活状态稳步上升，成为各行各业的不可或缺的专业人士。如医生、律师、工程师、高级主管等等。

其中占60%的模糊目标者，几乎都生活在社会的中下层面，他们能安安稳稳地生活与工作，但都没有什么特别成绩。

剩下27%的是那些二十五年来都没有目标的人群，他们几乎都生活在社会的最底层。他们的生活都过得很不如意，常常失业，靠社会救济，并且常常都在抱怨他人，抱怨社会，抱怨世界。

由此可以看出，就像蒙田说过的，没有一定的目标，智慧就会丧失。盲目的努力，得不到理想的结果。

在生活中，你常常会看到这样一些人，他们不分白天黑夜的埋头苦干，但是当你问他们这样是为了什么的时候，他们大多数会以摇头作答，甚至无言以对。事实上，他们虽然在干，却对自己的明天与未来一无所知。他们没有目的与目标，所以他们一无所获。

法国著名的自然学家费伯勒，曾用一些被称作“宗教游行毛虫”的小动物做了一次不同寻常的实验。这些毛虫喜欢盲目地追随着前边的一个，所以得了这个名字。

费伯勒很仔细地将它们在一个花盆外的框架上排成一圈，这样，领头的毛虫实际上就碰到了最后一只毛虫，完全形成了一个圆圈。在花盆中间，他放上松蜡，这是这种毛虫爱吃的食物。

这些毛虫开始围绕着花盆转圈。它们转了一圈又一圈，一小时又一小时，一晚又一晚，一天又一天。它们围绕着花盆转了整整七天七夜。最后，它们全都因饥饿劳累而死。

一大堆食物就在离它们不到十六厘米远的地方，它们却一个个地饿死了。原因很简单，只是因为它们按照以往习惯的方式去盲目地行动。

费伯勒的笔记本里有这样一句话：“在那么多的毛毛虫中，如果有一只与众不同，它就能改变命运，告别死亡。”

著名的哲学家安东尼曾说过："首先到达终点的人往往不是跑得最快的人，而是那些集智慧和力量于一身的，会做出明智选择的人。"当所有人的心血与汗水付之东流，我们抱怨上天不公，我们一直在努力，可为什么成功的不是我们呢？因为我们只知道勤奋，却不知道选择适合自己的方向。

那么，在你的一生中，你准备怎样去选择你的人生目标？

首先，当是给自己设定一个长期的目标。因为没有长期的目标，你就可能会被短期的种种挫折所击倒。家庭问题、疾病、车祸及其他你无法控制的种种情况，都可能是你成功事业的重大障碍。但是只要你有长期的目标，这些就都只是暂时的，很快就会消失掉。

你设定了长期目标后，开始的时候不要想着一下子克服掉所有的困难，如果所有的困难一开始就都被克服掉了，那就没有人会愿意再尝试有意义的事情了，而且，你也不可能一开始就克服掉所有的困难。

然后，你就要坚持自己的长期目标。在我们的中学时代，大家应该都学过这样一个物理实验：在炎热的太阳底下，你拿一个聚焦镜和一根火柴。如果你通过聚焦镜使太阳光集中在火柴头上，那么，不一会儿，火柴就会燃烧起来。但是如果你把聚焦镜一直移来移去的话，太阳光无法集中在火柴头上，那么火柴就不会燃烧了。这个道理很简单，就是要有目标的坚持。

坚持目标也一样，如果你的目标过于分散，那你的经历也就无法集中在目标本身，就无从谈起目标的实现了。

全神贯注,让优势为目标护航

一个人不能没有目标,不然他就只能在生活的道路上不断地徘徊,不清楚自己到底是在前进还是在后退,也就更不可能和成功有缘了。要时刻记着:目标是努力的依据,是对自己的鞭策。只有有了目标,我们才能看得清楚自己前方的道路。

不过,我们的目标不能是一些空想的,模糊不清的,必须是可以实现的,不然一些实现不了的目标会降低你的积极性。而且目标是我们前进的动力源泉,要是不具体的话,我们就没有办法知道自己的努力离自己的目标到底还有多远,这样下去的话,很有可能在中途我们就会泄气,就会甩手不干了。

所以给自己制定的目标,一定是一个在我们的生活中可以实现的。因为当给自己定下了目标,我们就有了发奋的动力。要知道,目标是可让我们努力的依据,也是对我们自己的鞭策。并且随着目标的实现,我们的内心会充满成就感。对很多人来说,实现目标是一场场的比赛,随着一个一个目标的实现,我们的思考方式和工作方式也在渐渐地转变。

制定了目标的一个好处就是会有助于我们安排自己日常工作的轻重缓急。要是没有目标,有可能我们就会陷入日常琐事之中,不能自拔。

“智慧就是懂得该忽视什么东西的艺术。”就像很久以前三百条鲸鱼突然死亡的那件事情,那些鲸鱼在追逐沙丁鱼的时候,不知不觉之中就被困在了一个海湾里面,最终导致死亡。鲸鱼为了追逐一点小利而被引向死亡,为了微不足道的事情而空耗费自己巨大的力量,这是非常划不来的。

没有目标的人，就会像故事中的那些鲸鱼一样，他们空有那么巨大的能力，却把精力放在了小事情上。小事情会让我们忘记了自己原本应该做什么。因此，想要获得成功就必须全神贯注于自己有优势的方面。只有这样我们才能收获成功，目标才算是起了作用。而且，当我们不停地在自己有优势的方面努力的时候，这些优势就会进一步发展并且会爆发出令我们自己都感到惊异的力量。

有一个小男孩特别喜欢跟自己的爸爸比试谁跑得更快，但是每次都是输掉了。有一次，雪刚停止，天刚放晴，父子俩又一次来到野外。小男孩又向爸爸提出了比试的请求。但是这次爸爸改变了主意，爸爸对他说："孩子，今天咱们不比谁跑得快，比谁走得直。看见前面那棵树了吧，我们都走到那里，谁的脚印直，就算谁赢。"孩子眼睛一亮，立马就答应了，他心里想：要是比谁跑得快，我肯定还是赢不了，就没听说过哪个小孩子能比大人跑得还要快的。但是如果是比走得直的话，只要我专心致志，就一定能赢的。比赛开始之后，爸爸很快就走到了那棵树下，然而这个小男孩却走得很慢很耐心。当他终于走到树下的时候，他激动得小脸通红，因为他坚信他这次终于赢了。但是当他迫不及待地转过身来看的时候，失望一下子笼罩了他的脸：他走出的脚印竟然是弯弯曲曲的，而爸爸的脚印却好像一条直线。看着孩子充满不解的脸庞，爸爸对他说："孩子，知道你为什么走不直吗？那是因为你一直都盯着自己的脚，而我却是一直盯着远处的树。"小男孩想了想，然后跑回原处，盯着远方的大树又走了一遍，这次他的脚印也成了一条很直的线。

人生一定要有目标，因为有了目标才会有希望，有了希望才会有动力。没有目标的人生就好像是断了羽翼的老鹰，只能停留在平地上，永远无法起飞，也永远无法超越。所以，要想成功，就一定要一个目标，并且要朝着它不断地努力。这也就是说，成功的范围不是做了自己的工作，而是在工作中做出了怎样的成果。明确的目标能使我们充满自信，让我们的心态变得积极，具有强烈的成功意识。这种成功意识会让我们充满成功的信念，并且能够接受任何失败。

一个人只要制定了目标，那么在付出艰辛的脑力和体力劳动之后就能获得成功。

你可知道一位石匠是怎么打开一块大石头的吗？他所拥有的工具不过是一个小铁锤和一把小凿子，可是这块石头却硬得很。当他举起锤子重重地敲下第一击的时候，没有敲下一块碎片，甚至连一丝凿痕都没有，不过他并不在意，继续举起锤子一下再一下地敲，一百下、两百下、三百下，大石头上依旧没有出现任何裂痕。

但是石匠还是没有懈怠，继续举起锤子重重地敲下去，路过的人看他如此卖力而不见成效却还继续硬干，不免窃窃私语，甚至有些人还笑他傻。可是石匠并未理会，他知道虽然所做的还没看到立即的成效，可是那并非表示没有进展。他又调了大石头的另一端敲，一锤又一锤，也不知道是敲到第五百下还是第七百下，终于看到了成效，不是只敲下了一块碎片，而是整块大石头裂成了两半，难道说是他最后那一击，使得这块石头裂开的吗？当然不是，而是他一而再，再而三地连续敲击的结果。

一个人只要制定了目标，而且也为了能够实现目标做出了很大的努力，那么就一定能够取得成功。而且，当我们发现目标一个接一个的实现的时候，就会明白要实现目标我们到底需要多大的力气，而且还可能会悟出如何利用较少的时间来创造更多的价值，从而制定更高的目标，让我们实现更伟大的理想。

要记住，所有的观念只要不断地重复，它就会深深地扎根在你的脑海里，并且会自动地影响到身体的所作所为，这就是所谓的“自我暗示”。不断地进行自我暗示，我们就可以拥有坚持目标的信心，并且会产生旺盛的企图心和源源不断的力量。

要明白，如果一个人的眼光仅仅只放在吃饱穿暖上，可以有一处栖身之地的层面上，那么想让他成就一番事业，就是绝对不可能的事情。有人说过：

思想有多远，脚步就会有多远。一个清晰明确的目标，就能够产生前进的动力。因为目标不仅仅是奋斗的方向，更是对我们自己的鞭策。一个人的过去或者现在的情况其实并不重要，将来想要获得什么样的人生才是最重要的。在生活中除非我们对未来怀有一个理想，不然很难想象我们能否拥有一个光明的前途。远大的抱负可以使我们看清楚自己生活的使命，当然更有利于我们安排和规划生活中的轻重缓急，大小巨细。在这一点上，对那些还没有在生活中扎稳根基的人来说格外重要。因为如果一方面在为自己的衣食奔忙，而另一方面却对自己的人生缺乏明确的规划，就会很容易被琐事所困扰，不能自拔。

世间无弃物，关键在定位

我们大家都知道目标是吸引我们的注意力，引导我们努力的方向的，但是最终我们能否成功，还是要看我们是不是一直都行走在正确的方向上。

我们想要拥有一个让自己满意的完美的人生，就一定要有一个清晰明确的人生方向才行。

在现在这个竞争越来越激烈的时代，每个人所要面临的工作随时随地都可能会发生改变，在这样的时候，选择最适合你的人生目标，明确自己心目中的方向就显得尤其重要了。我们的目标不一定要是最有经济价值的，也不一定要是别人眼中最伟大的，一定要是最适合我们自己的那个，因为只有最适合自己的，我们成功的可能性才会更大。

有这样一个故事：小李是一个非常积极上进的年轻人，聪明的头脑加上良好的教育背景使得他总是不满意自己的生活状态，他从上班开始就频繁地跳槽，只要一发现哪个单位的经济效益比较好，物质待遇比较高，或者是哪种职业比较热门，比较体面，那他就会义无反顾地“辞旧迎新”。就这样过了五年，小李已经慢慢地失去了年龄的优势，工作经验也没有一项是可以算得上精湛的。这让渐渐平静下来的他感到非常的困惑，后来有一位前辈指点了他，他才发现自己犯了“定位不明确”的错误，没有给自己一个明确的方向。

对于这样的年轻人，成功学家告知：一个人要想获得成功，要想发挥出自己最大的潜能，不仅要正确认识自己，而且还要准确地给自己的人生一个定位，让自己能有一个明确的方向。

因此，在全球化趋势愈演愈烈的今天，我们之所以都能有立足之地，正是因为一句话：“世间无弃物，关键在定位。”所以说，不管我们出身怎样，学历怎样，相貌怎样，只要我们能够正确地选定一个位置，给自己一个明确的方向在心中，一个信念坚定地走下去，成功就会离我们越来越近。也因此，我们的生命和生活才会拥有很多的收获，才会有意义。要知道三天打鱼，两天晒网，必将会庸碌一生，一事无成。

曾经就任过美国总统的克林顿在他十七岁的时候，就因为学习成绩优异而得到过白宫青年奖章。在他到白宫见到当时的美国总统肯尼迪之后，他就买了两张画像，贴在了自己的房间里，并且写下了这么一段话：“我今年十七岁，我发誓这一生一定要成为美国总统，服务美国民众。”

三十年后，他实现了自己的人生目标。事实正如他当初的誓言一样。

成功的人在自己成功之前，就会确定自己的人生目标，他们之所以能获得成功，正是因为给了自己一个明确的方向，然后按照自己的方向长期坚持努力。

我们的周围绝大多数的人都曾经对自己的人生有过很多的憧憬，但是因为目标太大太空泛，让我们自己都觉得这是不可能达到的。因此，大部分的人就会有无所适从的感受，然后把就会梦想当成一种心理安慰，自己主动地停止了追逐自己理想的脚步，自然就会无缘成功。

其实，我们只需要为自己的梦想做一个非常详细的规划就行了，给自己一个明确的方向，然后做出详细的规划，为了自己的理想，锲而不舍地去努力，总有一天我们的理想会实现的，成功也就会到来了。

有一项研究结果表明：有成就的人对他的未来都会有一个非常详细的设计图，他们把自己的抱负和目标都明确地标注在上面。

亚瑟尔是美国一名年轻的警察，在一次执行任务时，他左眼和右腿膝盖被歹徒的枪所射中。半年之后，当他出院的时候，一个曾经高大魁梧、双目炯炯有神的英俊小伙子完全变了个样，变成了一个残疾人。

在他生活的地方，政府和一些组织授予了他非常多的勋章和锦旗。有一位记者这样问过他："你以后将如何面对你现在所遭受的厄运？"亚瑟尔说："我只知道歹徒到现在还没有被抓获，我一定要亲手抓住他，这是我给自己制定的目标。"从那以后，亚瑟尔就义无反顾地参与到抓捕那个歹徒的行动当中。为了这个目标他几乎跑遍了整个美国，甚至为了一个微不足道的线索独自一个人乘飞机去了瑞士。终于功夫不负有心人，九年后，那个歹徒被抓获了。

人生有了追求，就变得充满意义。详细的计划图可以让目标非常清晰、明朗地摆在你的面前，一眼就能很清楚地知道什么是现在应当去做的，什么是现在不应当去做的，我们为什么要这样做，这样做的意义，所有的要点都会是非常的明显清晰。

有一个明确的方向在心中，就像是茫茫大海上有个灯塔，能够给我们指引前进的方向，让我们的心中永远充满了希望。在我们想要偷懒睡觉的时候，它就会帮助我们克服自己的惰性，将我们从舒适温暖的被窝里拖出来，让我们去做我们现在应该做的事情。在我们遇到困难，无计可施的时候，它就会重新燃起我们对成功的渴望，让我们鼓起奋斗的勇气，坚定不移地向前走去。只有这样，我们才能知道自己将度过怎样的一生，是能够让人眷恋，还是会让人生厌，是能够生活得丰富多彩，还是过得兴味索然。

分清楚目标的主次和轻重缓急

20世纪初，在德国巴伐利亚的一座小城里，有位叫菲尔德的钟表匠，他的手艺高超，远近闻名。有一位非常富有的钟表商找到他，请他出任自己公司的技术总监。

菲尔德断然拒绝了，他说："我的理想是研制一款世界上最好的手表，我决不为眼前的利益而放弃自己的追求！"

钟表商暗笑这个人太固执，同时也受到了一定的启发。

不久，菲德尔就因为经济的困窘不得不卖起了草帽，不久，他突然收到了一个大订单，他发现做成这笔买卖自己的利润将非常可观，而且如果能时常有这样的订单他就可以一生无忧了。于是，他决定暂时停下手表的研制，先去赶制草帽。

就这样，菲尔德被一时的小利蒙蔽了双眼，忘记了他心中那个神圣的大目标，而那个钟表商却利用这段宝贵的时间，很快推出了新产品，并取名为"劳力士"。

劳力士手表推向市场后，迅速成为世界名牌。菲尔德得知后，后悔不已，他因贪图小利的一念之差，留下了深深的遗憾。

记得看到过这样一个小寓言："将军赶路，不追小兔。"意思是说将军率领大军去打仗，兵贵神速，必须要争分夺秒，如果在路上看到了一只兔子就去追，那么就可能失去战机，造成不应有的损失，所以小兔再肥、再好也不能去抓，否则必会因小失大。

人生路上我们总会面临很多的诱惑，如果遇见"小兔"就追，东跑跑，西跑跑，必然会耽误前行的进程，最终"捡了芝麻，丢了西瓜"。唯有志存高远，胸怀大略，一旦确定目标，就不为利诱所惑，一直走下去，方能干出一番事业，收获成功的果实，铸就人生的辉煌。

小明原本是一家公司材料部的工作人员。由于工作业绩突出，就被调到了业务部。小明很想报答老板的知遇之恩，总是想着在短时间内做出一番成绩来证明自己的能力。因为有了这样的想法，小明就开始到处寻找机会。

不久，机会真的来了。老板刚接到一个大的项目，急需一个代表去谈判。这是一个大客户，老板非常重视，所以在选择谈判代表的时候是慎之又慎。在这样的情况下，小明的同事们都不敢毛遂自荐，但是小明抢功心切，在大家都还没来得及表示的情况下，就向老板表态，自己愿意去谈判。

老板虽然怀疑小明的能力，但是看到小明信誓旦旦的样子，最终还是答应了他的请求。不过，老板交代他，谈判之前，一定要深入地了解客户，包括他的爱好、曾经合作过的企业、这次有什么要求等等。而且老板还再三地叮嘱他：只有在深入了解对方的基础之上，这次谈判才有可能获得成功，否则功亏一篑不说，很有可能失去这个大客户，更为严重的是可能还会把大客户推给对手。

但是非常遗憾，小明把老板的话当成了耳边风，还没有和对方接触两天，就擅自和对方开始了谈判。几个回合下来，小明输得一败涂地。到最后，小明只好乖乖地投降，灰头土脸地回到了公司。老板在听了小明的汇报之后，非常生气，即刻派了一位新的谈判代表前往接替小明，而且还把小明送回了材料部。

本来对于小明来说，这是一个千载难逢的好机会。只要他按照老板的吩咐一步一步地去做，说不定就能够达到一鸣惊人的效果。但是他没有分清目标的主次，最终导致不仅没有达到自己的目的，还贻误了时机，给公司带来了很大的损失。

因此，在工作中，我们一定要分清楚目标的主次和轻重缓急。只有这样，我们才能在最短的时间里处理好最重要的事情，然后再合理利用剩下的时间去做一些不怎么重要，但是却又不得不去做的事情。而且，我们还要谨记：最紧急的事情不一定就是非常重要的事情。

你就是要很独特

有一个年轻人，他的家人都是以画画为生，因此他也非常希望自己将来能像家里的其他人一样，以画画作为自己的终生职业。从小受家人的影响，他在画画上很有天赋，但是他有一个很大的缺点，就是没有自己的主见，只会盲目地遵从大家的意见。

有一次，他拿着自己刚画完的一幅作品给爸爸看，结果他爸爸看了之后撇撇嘴说："哦，这太僵硬了。"于是他便按照爸爸的意见进行了修改。结果他妈妈在看了他修改后的作品说："亲爱的，这种飘忽的东西是没人爱看的。"于是他又采取了妈妈的意见。

但是他的哥哥看了他的作品之后说："哦，上帝，这是什么？是块木头吗？"于是，他又赶紧按照哥哥的意见进行了修改，结果他的姐姐看到了却说："天哪！这简直是被染料弄脏的一张纸。"

他想讨好自己周围的每一个人，却唯独不想做自己。就这样，他把自己所有的时间都用在了对画作的修改上，到最后他也没能成为一名画家。

这个故事告诉我们，不论是人还是物，一定要选对自己的位置。矮松长在黄山上，则被称为奇松，当它长在农民的林场里的时候，就只能成为一棵最普通的小松树。其实人与人之间本就没有什么本质的区别，就像天空中的繁星，都有自己的位置，虽然有的灿烂，有的暗淡，但是只要换一个位置，我们就能发现星星各自的光辉。对于成功而言，最关键的是选准自己的位置和目标。

有三个人同时去一家大公司应聘。在这三个人中间，有一个是具有五年工作经验的人，有一个是硕士毕业生，还有一个是应届本科毕业生。经过一番面试，公司的总经理决定录用那名应届的本科毕业生。放弃了具有高学历的硕士毕业生和那名有五年工作经验的人，这到底是为什么呢？

原来，总经理在招聘的过程中用了一点小技巧：招聘即将开始之前，他专门叫人搬走了办公室里的椅子，只留下一张给自己坐，但是在招聘过程中，他却对三个人分别说着同一句话："你好，请坐。"这三个人面对经理的话反应都各不相同。

第一个进去面试的是硕士生，他在听了总经理的话之后，他看了看周围，显得有点不知所措，略作思索之后，他便谦卑地笑着说："没关系，我就站着吧！"

第二个进去面试的是已经具有了五年工作经验的小伙子，他面对总经理的话，很自然地就说了句："没事，我就站着吧！"

到了那名既没有工作经验，也没有高学历的应届毕业生进去面试的时候，面对总经理的话，他微笑着请示总经理说："你好！我可以把外面的椅子搬一把进来吗？"就是这样，总经理录用了这名既没有高学历也没有工作经验的应届本科毕业生。

在现代的职场中，一个有思想有主见的人比任何的高学历和丰富的经验都要有价值得多。试想想，一个连自己的内心想法与见解都不能坚持、不能自主表达的人，能为企业创造出什么价值呢？

英国第一位女首相玛格丽特·撒切尔夫人的父亲罗伯茨是一家杂货店主。在她五岁生日的那一天，父亲语重心长地对她说："孩子，你要记住——凡事要有自己的主见，用自己的大脑来判断事物的是非，千万不要随波逐流，人云亦云。这就是爸爸赠给你的人生箴言，是爸爸送你的最重要的生日礼物，它要比那些漂亮的衣服和玩具对你有用多了！"

从这之后，罗伯茨就刻意地想把自己的女儿培养成一个坚强独立的孩子。他下定决心要把玛格丽特塑造成一个严谨、准确、注意细节、对正确与错误严格区分的人。因为有了父亲这样的"人生导师"，玛格丽特坚实地成长了起来。

其实罗伯茨家不穷，但是他却把家里弄得特别的简单，没有洗澡间，没有自来热水，更没有室内厕所，家里一点值钱的东西都没有。玛格丽特小的时候有一阵子迷上了电影和戏剧，每一周都要去一次电影院或者是剧院，当然她的零用钱肯定是不够用的。当她想向父亲"借"的时候，父亲断然拒绝了。父亲想为女儿营造一种节俭朴素、拼搏向上的生活氛围，因此玛格丽特从小就被要求帮忙做家务。她十岁的时候就必须在杂货店里站柜台了。在父亲的眼中，对孩子所做的一切的安排都是她力所能及的事情，所以他不理会女儿说的"我不干了""太难了"的话。他想借此培养玛格丽特的独立能力。

转眼玛格丽特上学了。在学校里，她惊讶地发现她的同学们有着那么自由和丰富的生活，原来外面的天地是如此的广阔和多彩。他们可以在街上游玩，可以骑自行车，可以玩游戏，更甚至在星期天的时候，还能去山坡上野餐。这一切的一切都诱惑着玛格丽特，她幻想着自己也能有机会跟同学们一样自由的玩耍。所以有一天，她鼓足勇气对威严的父亲说："爸爸，我也想去玩！"

罗伯茨听后脸色一沉，说："我说过你必须要有自己的主见！不要因为你的朋友在做某件事情，你就一定也要去做。你不能随波逐流，要自己决定你该怎么办。"玛格丽特一直低着头，不发一语。见孩子不说话，罗伯茨缓和了自己的语气，劝导玛格丽特："孩子，不是爸爸限制你的自由，而是你应该有自己的判断力，你要有自己的思想。你要明白现在是你学习知识的大好时光，如果这个时候你沉迷于玩乐，和一般人一样，那么你将来就一定会一无所成，我相信你有自己的主见，自己的判断力，你自己做决定吧！"

父亲的一席话让玛格丽特深深回味，她把这席话深深地印在了自己的脑海里。她想："是啊，为什么我要学别人呢？我有很多自己的事情要做，刚刚买回来的书我还没看完呢。"

罗伯茨经常这样教育玛格丽特，要她拥有自己的主见和理想，要她明白特立独行、与众不同是最能显示一个人的个性的。而一味地随波逐流只会使个性的光辉淹没于人群之中。

正是由于罗伯茨对女儿独立人格的培养，才使得其从一个普通的女孩子变成一位连任三届、执政十二年的英国首相。她在职期间，工作勤恳，政绩卓越，被人们称为"铁娘子"，是一位在世界政治舞台上叱咤风云的政治家。

因此，我们应该要相信自己，不盲从，不人云亦云，凡事拿出自己的魄力，有自己的主见，不畏惧错误，即使错了，我们也同样会得到宝贵的经验的。

要知道时代在不断地变化和发展，我们自己本身也是在不断地成长和进步的。我们想要解决问题就不能禁锢于以往的僵化模式，我们要不断地创新，与时俱进，只有这样我们才能够适应时代变化以及自身发展的需要。也只有在工作和生活中有所创造，摆脱我们自己头脑中的思维定式，不再追寻前人的足迹，而是另辟一条属于自己的蹊径，才能百尺竿头更进一步。

第九章

滚蛋吧，拖延症

过去和未来，都离现在太远了

优柔寡断的人总是徘徊在取舍之间，无法定夺。这样就会使得本该得到的东西轻而易举地失去了；本该舍去的东西，却又耗费了自己很多的精力。而时机是不等人的，“流光容易把人抛，红了樱桃，绿了芭蕉”。其实人生在很多时候，只有及时抓住机遇，竭尽所能地去努力，才能取得成功。正所谓：“花开堪折直须折，莫待无花空折枝。”如若不然，则会失去良机。

如果你瞻前顾后，如果你犹豫不决，如果你不能身体力行，如果你不知道自己该做什么，那么，属于你的就只有永远的失败了，你就永远不可能获得成功。因为这些根本就不是一个成功者应该具有的品质。

在生活中，我们经常会出现这样的情况：遇到自己不想做或者不愿意做的事情的时候，就会说："等等吧，我再想想。"其实我们自己很明白，一旦我们说出了这句话，那就意味着这件事情我们就肯定不会去做了，或者是要无限期地等待下去了。

大部分的人都喜欢拖延，但是拖延的事情迟早要做的，为什么要等一下再做？现在做完等一下可以休息，有什么不好？而且，现在不做，明天或者将来再做，也许就要付出更大的代价。从某种意义上来说，"现在"是成功的象征词。"明天""下星期""以后""某些时候""某天"是失败的象征词。许多好的想法是因为一句"我将来某一天开始"而化为了泡影。我们应该现在就开始，就现在！

一位大学生准备晚上七点开始学习，但因晚饭吃多了，所以决定看一会儿电视，看电视一下子看了一个小时。到八点的时候，他坐在桌子前面准备看书，突然想起了要跟朋友聊天，这一聊就是四十分钟，之后在回来的路上又被人拉去玩了一个小时乒乓球，结果回来满头大汗，又去洗了个澡，洗完澡又觉得饿了，结果一个晚上都过去，一页书也没看。最终他去睡觉了。

记住米契娜的忠告："不要把今天能做的事情推到明天去做。"现在做意味着成功，意味着可能会获得意想不到的收获。将来某一天去做则是意味着失败。

我们一定要明白，人生最重要、最宝贵的是现在，而且最可能利用的也是现在。现在对于每个人来说都是不可忽视的，因为我们无法重回过去，也无法跨越未来。无论怎样，人都不可能超越现在，所以我们在做任何事情的时候，都应当是现在。拖延是毁灭自己的恶习，一定要戒除掉。

一百次空想比不上一次切实的行动

我们哪怕是有万种想法,如果不立即行动,也将一事无成。一个人要想做成某一件事,就必须积极地行动起来,投身到你要从事的事情当中去。一开始你的经验未臻成熟,可能处处不顺手,久之你便胜任有余。

一天,一个年轻人很想到他的恋人家去,找她出来。但是他又犹豫不决,不知道他究竟应该不应该去,恐怕去了之后,会显得太冒昧,或者他的恋人会太忙,拒绝他的邀请。于是他左右为难了老半天,最后,他勉强下定了决心,坐上一辆出租车出发了。

但是,当车一拐进他恋人住的巷子时,他就开始后悔不该来,又怕这次来不受欢迎,又怕被爱人拒绝,他简直希望司机现在就把他拉回去。

车子终于停在了恋人的门前了,他虽然后悔来,但既然来了,只得伸手去按门铃了。现在他好希望来开门的人告诉他说:“小姐不在家。”他按了第一下门铃,等了三分钟,没有人答应,他勉强自己再按了第二下,又等了两分钟,仍然没有人答应。于是他如释重负地想:“全家都出去了。”

于是他带着一半轻松和一半失望回去了,在路上他心里想:这样也好。但事实上,他很难过,因为这一下午白白过去了。

你能猜到他的恋人现在在哪里吗?他的恋人就在家里,她从早上就盼望这位先生会来找她。她不知道他曾经来过,因为她门上的电铃坏了。那位先生如果不是那么犹豫不决,如果他像别人有事来访一样,按门铃没有人应声就用手拍门试试看的话,他们就会有一个快乐的下午了。但是他没有下定决心,所以他只好徒劳而返,让他的恋人也暗中失望。

许多事是应该用勇气和决心去争取的。当我们遇到问题的时候,往往并不是对这问题的本身不能理解,而是我们常常被枝节的问题所困扰,我们太容易被周围人的闲言碎语所动摇,太容易瞻前顾后、患得患失,以至于给外来的力量可以左右我们的机会。谁都可以在我们摇晃不定的天平上放一颗砝码,随时都有人可以使我们变卦,结果弄得别人都是对的,自己却没有主意,这是我们成功途中的一个大障碍。

有好多的人总是眼睁睁地看着到手的机会跑掉,为什么呢?就是因为他们不敢行动,怕准备不充分,会失误。怕一脚迈不好,会跌倒。当他一切都准备好之后,却时过境迁了,再采取行动已经毫无意义了。而很多东西本来就是要在行动中学习、见识、经历的,不是事前可以准备好的,你想事事准备好再行动,也许永远也动不起来了。

汉斯和里尼是非常要好的朋友。几年前,当他们看到本地的人们开始摆脱过去那种自给自足的生活方式的时候,两个人就决定每个人都办一家服装厂。汉斯说干就干,立马就行动了起来。没过多长的时间,汉斯就将自己的产品推向了市场。

但是里尼却多了个心眼,他想先看看汉斯的服装厂的效益到底会怎么样。所以,他就没有行动,而是等一等。

汉斯的服装厂开办不久,就遇到了很大的困难:市场打不开,产品滞销,资金周转不灵,工资不能按时发放,工人的积极性都下降了不少……看到这样的情况,里尼不禁暗中庆幸自己当初没有行动,不然现在自己也会陷入这样的困境中。

不过,顽强的汉斯并没有在困难面前倒下去。他积极地面对困难,一一想出办法去解决。一年之后,他的服装厂终于渡过了难关,利润也就滚滚而来。

里尼在看到汉斯的腰包一天天鼓起来的时候,后悔莫及。于是,他也开办了一家服装厂，但是已经为时已晚了。因为汉斯早办了一年，他就赢得了众多的客户和广阔的市场，这就导致里尼的客户寥寥无几。就这样过了几年之后，汉斯的营销网络遍布了全国各地，汉斯已经拥有了数亿元的身价。而里尼的服装厂却已经沦落为为朋友的鞋厂进行加工，身价就更是少得可怜。

由此我们可以看出，成功者和失败者的区别：成功者们都是有了想法就会积极主动地去做事，他们凡事都会现在就去做，直到成功为止。而失败者们都是懒惰散漫的人，他们经常会为自己找借口偷懒，直到最后再去做这件事情的时候已经来不及了，也就只好放弃了。

利希特说过，行动是通往成功的唯一途径。只有行动赋予生命以力量。要养成习惯，先从小事上练习"现在就去做"，这样你很快就会养成一种强而有力的习惯，在紧要关头或有机会时便会"立即掌握"。不要拖延，先做了再说。

如果我们把闹钟定在早上六点，可是当闹钟响起时，我们却觉得睡意正浓，于是干脆把闹钟关掉，倒头再睡。以后再遇到这种情况，我们就会养成习惯。假如我们在自己的潜意识里把"现在就去做"的念头放进去，我们就不得不立刻爬起来不睡了。所以说我们一定要养成"现在就去做"的习惯。

很多人都有拖延的习惯，结果就造成错过了改变自己一生的良机，所以，我们要谨记：现在就去做。如果下定决心立刻去做，那么我们的梦想很快就会实现。

"现在就去做"是可以影响到我们生活中的每一部分的，它可以帮助我们去做我们不喜欢却应该做的事；在遭遇令人厌烦的事时，它可以教导我们不推脱延迟。它还能帮助我们去做我们想做的事情，它更会帮助我们抓住宝贵的机会，因为这个机会一旦错过，我们就很有可能永远不会再碰到。所以一定要记住："现在就去做！"

优柔寡断是机遇的天敌

剑桥大学威尔逊教授说过，许多成功的人之所以取得成功，就是因为他们敢想敢做，只有敢想才敢做，敢做才能敢为，敢为才会成功。

吉尔小时候和小朋友在树林中捕山鸡。他们这一次采用了新方法：把木箱子用木棍支起，在木棍上系上绳子一直接到他们隐藏的草丛之中。只要山鸡飞下来去啄食撒在箱子下面的谷粒，吉尔他们一拉绳子就可以把山鸡罩起来而抓到山鸡了。

他们隐藏起来，观察动静。一会儿，飞来了一群山鸡，共有十一只。大概是山鸡太饿了，不一会儿就有八只山鸡走到了箱子下面，一个朋友让吉尔拉绳，可他犹豫地说："再等一会儿，这样更稳妥一些。"

他们等了一会儿，非但那三只没有进去，反而接着又走出了四只，朋友劝他拉绳子，吉尔说再有一只走进去才拉绳子。但是接着却又走出来两只，如果这时候拉绳子，还能套住一只，但是吉尔担心剩下了一只，拉绳子未必能罩住它。不幸的是，最后一只山鸡好像也感到不妙，也走出来了。

成功的人能迅速地做出决定，并且不会经常变更。而失败的人做决定时往往很慢，且经常变更决定的内容。

其实生活有时并没有我们想的那么复杂，事情原本都是很简单的，问题是我们自己在制造麻烦，自己让自己不得安宁。我们为什么一定要经受这样的折磨呢？在面对一件必须要做的工作时，我们不是选择积极着手工作，而是在自己面前放上一大堆参考资料，苦思冥想，寻找方案，一个一个地想出来，然后一个又一个地否定掉，再一遍一遍地感叹："太难了，太难了，怎么办呢？"这样做只会有一个结果：只能是给我们自己徒增烦恼，让我们丧失信心，优柔寡断。对于我们来说，重要的是不要一直顾虑重重，要全力以赴地投入工作，做事情当机立断。

在20世纪50年代中期的时候，塑料花在欧美市场兴起并且一度很火热，家家户户和办公大厦里都以摆上几盆塑料制作的花朵、水果、草木为时髦。面对这千载难逢的商机，李嘉诚当机立断，丢下其他生意，全力以赴投资生产塑料花，并一举建立了世界上最大的塑料花工厂长江塑料花厂，李嘉诚也因此而被誉为"塑料花大王"。到了20世纪60年代初期，在大家仍然看好塑料花生产的时候，李嘉诚却预感到塑料花市场将由盛转衰，于是立即退出塑料花市场，避开了随后发生的"塑料花衰退"的大危机。

之后他注意到香港经济的起飞，地价将要跃升，于是他又开始关注房地产业。他迅速投资购买大量土地，并在激烈的竞争中凭借自己的果敢，一举击败了素有"地产皇帝"之称的英资怡和财团控制下的置地公司，创造了房地产业"小蛇吞大象"的经典案例，而李嘉诚也在这场房地产大战中积聚了巨额的财富。

所以我们要切记：在进行投资、创业的时候，关键时刻一定要果断地做出投资决定并付诸行动。这是非常必要的。要谨记：切不可犹犹豫豫，不然就会使本来属于自己的机遇失之交臂。

但凡是成功的立业者们，在他们的人生旅途上，很少是有能一步登天的。他们全都是依靠自己机智和过人的眼光，在充满困顿和挫折的时候，能够当机立断，果断地行动，从而扭转了乾坤，也终使得他们的事业柳暗花明，攀登上顶峰。

所以说，如果我们想到了什么那就马上去做，虽然做了也不一定全是对的，但不去做就会永远一事无成。要知道，很多的事情都是在一瞬间就决定胜负的，这就需要我们当机立断，紧紧地抓住那一刹那的机会，这样才能在飞逝的时光里获得成功。

因此，只要一旦认准了，我们就该当机立断，我们不要做语言的巨人，行动的侏儒。我们只有前半生果断地放手去干，后半生才能不后悔。只要我们在自己的人生道路上，找到适合自己的人生坐标，做事当机立断，我们就能够充分发挥自己的聪明才智，从而到达成功的彼岸。

每个人都是天使，只要你肯走出一步

在漫长的人生道路上，如果只有理想的话，是远远不能够推动我们前进的，积极的行动才是最重要的。理想的能力和计划的能力是我们很多人都具备的，但是行动的能力却不是所有人都具备的。在现实生活中，很多的人都有天生的惰性，纸上谈兵说得头头是道，但就是不采取行动。很多看上去很优秀的人之所以很难获得成功，原因就在于此。当我们意识到行动的重要性后，就要积极地行动起来，将计划和理想的宏图变成现实。只有这样，成功才会离我们越来越近。

有一个这样的故事：有两个人找到上帝，问道："我们如何才能变成天使？"上帝对这两个人说，很远处有一座山，希望这两个人可以到那里考察，并把自己的感受告诉他。之后，他便把如何变成天使的秘诀告诉他们。两个人听完后便离去了，并约定十年后再与上帝相见。

那座山位于一个孤岛之上。两个人费尽千辛万苦来到了这里。他们一起攀上了山顶,才发现这座山竟然是一个不毛之地,四周光秃秃的一片,没有一棵树,也没有一株草,满眼只是坚硬的石头。第一个人看到后,认为自己受到了戏弄,千里迢迢地来到这里,却一无所获,于是愤然离去。

而第二个人却相反。他见到此地如此荒凉,便到附近的山上采了各种各样的种子,然后把它们播撒在山上。慢慢地,山上泛出了淡淡的青绿,原来死气沉沉的地方逐渐现出了生机。他十分高兴,于是更加卖力地工作,十年时间,从未间断。

十年之后,上帝出现了,问两个人有何感受。第一个人委屈地说:"我历尽千辛万苦到了那里,但见到的只是一堆光秃秃的石头。"上帝转过头去问第二个人,只见那个人神秘地一笑说:"不对,那是一座青山。"第一个人听到之后对上帝说:"他在撒谎,那里明明就是一块不毛之地。"

上帝没有说话,只是把他们带到了那里。令第一个人感到不可思议的是,他的眼前出现了一幅美景:青葱的树林,满山的果香,还有各种各样的动物在那里快乐地嬉戏,一片生机盎然的景象。他简直不敢相信自己的眼睛。这时,上帝指着第二个人对第一个人说:"看见了吧,这就是天使!"

第一个人后悔不已。但是他明白了一个道理:"如果积极地行动,任何一个人都可能成为天使。"

在现实生活中,我们有很多的人都有很好的想法,但就是缺乏行动,以至于最终毫无建树,没有任何价值可言。说到底,行动就是走向成功的推动力。当很多人都抱着消极和等待的态度坐视的时候,你要相信自己的能力,积极地行动起来。这种行动能够在很大程度上激励和鼓舞我们全力以赴,最终达到我们的目的。

为什么有的人一生中曾有过很多的计划和理想,但最终一事无成。有的人一生只想一件事,最终却获得成功和突破。究其原因,就是前者只是纸上谈兵,而后者则付诸了行动。我们想要获得成功,不能缺少想法,但是光有想法是无法获得成功的，还得有配合想法的行动。

从现在开始，拿出笔和纸，列出一步步的行动和步骤，然后按照步骤一步一步地走下去。今天马上行动，明天也不能懈怠！每天都要持续地行动，起步向前走！

很多人之所以失败，并不是因为没有能力，没有机会，而是他们不马上行动，最终白白地错失了好机会，与成功失之交臂。或许对于这样的失败，我们有些不甘心，甚至有点不可思议：既然有了成功的机会，为什么不马上行动呢？梦想是需要追求的，果敢的行动对于成功来说是至关重要的。

第十章

天上不会掉馅饼，要掉也是陨石

勤劳是收获的基础，付出是得到的前提

我们要明白没有辛勤的劳动，没有努力的耕耘，我们就不可能有丰富的收获。正所谓：天道酬勤。当我们看到别人收获的时候，我们一定要学会的态度应该是“临渊羡鱼，不如退而结网”。我们应该去思索：我们该如何去做才能不负这大好的时光，才能使自己的生命不致虚度。光阴易逝，如流水一去不复返。人生的道路上我们风尘仆仆而来，不知不觉间，我们自己已是尘满面，鬓如霜。要知道，青春不会为你停留，时光不会为你止住脚步。所以我们一定要珍惜现在这美好的时光，在我们有限的生命中做出一点有意义的事情。让我们尽情地释放自己的光和热，为社会、为世界贡献我们的价值，也为自己的人

生留下一道不可磨灭的印记。

“勤奋是通往荣誉圣殿的必经之路。让我们勤奋工作！”这是古罗马皇帝临终前留下的遗言。在说这句话的时候，他的士兵们全部聚集在他的周围。勤奋与功绩是罗马人的伟大箴言，也是他们征服世界的秘诀所在。当时那些凯旋的将军都要回乡务农，农业生产是受人尊敬的工作。罗马人之所以被称优秀的农业家，其原因也正在于此。正是因为罗马人推崇勤劳的品质，才使整个国家逐渐变得强大。

然而，当财富日益丰富，奴隶数量日益增多的时候，劳动对于罗马就不再必要了，接着整个国家开始走下坡路。最后的最后，罗马因为懒散而导致犯罪横行、腐败滋生，一个有着崇高精神的民族就这样变得声名狼藉了。

在我们这个世界上，到处是一些看来就要成功的人，在很多人的眼里，他们能够并且应该成为这样或那样非凡的人物。但是，他们并没有成为真正的英雄，原因在于他们没有付出与成功相应的代价。他们希望到达辉煌的巅峰，但不希望越过那些艰难的梯级；他们渴望赢得胜利，但不希望参加战斗；他们希望一切都一帆风顺，而不愿遭遇任何阻力。

经常听到懒汉们抱怨，自己没有能力让自己和家人衣食无忧，而勤奋的人只会说：“我也许没有什么特别的才能，但我能够拼命干活以挣取面包。”

在《庄子·逍遥游》中有这样一段话：“水之积也不厚，则其负大舟也无力，风之积也不厚，则其负大翼也无力。”这段话形象生动而精辟地向我们说明了厚积薄发这个真理。如果没有平日辛勤的劳动，没有充分的准备与积累。我们怎么能奢望取得成功呢？要知道没有准备的人生，即便是命运之手已经向你招手，机会已经来到你的面前，它也会与你擦肩而过，失之交臂。

有这样一个可怜的失业者，他为人忠厚，从不逃避工作。他渴望工作，却总是被抛弃在工作的门外。尽管他曾经努力地去尝试，结果依然是失败。如此看来，他会有怎样的结果呢？我们不妨回顾他以前的工作经历，在这个时候我们不难发现：尽管他曾经做过许多事情，但他总是觉得负担太重而选择了逃避。他渴望能过上一种安逸的生活，将无所事事当成人生最大的乐趣。年轻的时候没有珍惜机会，现在他终于如愿以偿、梦想成真，可以无所事事地生活了，但是这个他原本渴望的“美好生活”，现在却变成了一枚苦果。

这就是不幸的可怜虫。机会是不会花费气力去找寻这些浪费时间、偷懒的人的，机会好像总是落在那些忙得无暇照料自己成就的人身上。从逻辑上说，机会应该会找那些时间充裕的人，但事实上，机会却是为那些有梦想和实施计划的人显现。我们总以为机会是活的，会动的，事实上，刚好相反，机会是一种想法和观念，它只存在于那些认清机会的人的心中。因此，别去问老板为什么你没有获得晋升，而应该去问那个真正清楚的人——你自己。

在取得了一次战役胜利后，有人问亚历山大是否等待下一次机会，再去进攻另一座城市，亚历山大听后竟大发雷霆：“机会，机会是靠我们自己创造出来的。”不断地创造机会，正是亚历山大之所以成为历史上最伟大的帝王之一的原因，也唯有不断创造机会的人，才能建立轰轰烈烈的丰功伟绩。

在我们的现实生活中，我们的身边到处都充斥着大批失业的人群，他们给人的印象是社会经济对劳动力的需求不足。但是事实上，我们会发现有许多空缺的职位仍然保留着。但是，人们需要的是那些受过良好的职业训练和勤奋敬业的员工。

如果我们看过林肯的传记的话，就会了解他幼年时代的境遇和他后来的成就：他住在一所极其简陋的茅舍里，没有窗户，也没有地板，用今天的居住标准看，他简直就是生活在荒郊野外。他简陋的住所距离学校非常远，一些生活必需品都很缺乏，更谈不上有报纸、书籍可以阅读了。然而就是在这种情况下，他每天坚持不懈地走二三十里路去上学。为了能借几本参考书，他不惜步行一二百里路。到了晚上，他靠着燃烧木柴发出的微弱火光来阅读……林肯只受过一年的学校教育，成长于艰苦卓绝的环境中，但他竟能努力奋斗，一跃而成为美国历史上最伟大的总统。

如果在困境中，林肯说：“我没有机会！”那么这位生长在穷乡僻壤茅舍里的孩子，如何才能入主白宫，成为美国总统呢？和他同时代出生的有很多是来自于良好家庭环境的孩子，他们有漂亮的学校，藏书丰富的图书馆，为什么成就反而不如一个茅舍里成长起来的苦孩子呢？我们一定要明白,不是所有出生于贫民窟的孩子们都会成为议员,成为大银行家、大商人。那些大商店和大工厂,有很多都是由那些“没有机会”的孩子们靠着自己的努力而创立的。

伟大的成功永远只属于那些富有奋斗精神的人,而不是那些等待机会的人。我们要时刻牢记,良好的机会完全在于自己的创造和追寻。如果我们自己的个人发展机会都掌握在他人的手中,那么我们一定会失败。机会包含于每个人的人格之中,正如未来的橡树包含在橡树的果实里一样。

不过,有些人可能会说:“为自己勤奋自然无可厚非,可是,我们现在是给别人打工呀！老板就给了我那么一点薪水,我怎么勤奋得起来？给多少钱,就做多少事。拥有这种观点,就是说我们是为薪水工作的。其实不然,职场的成功者早就有过断言:拿多少钱,做多少事,钱越拿越少;做多少事,拿多少钱,钱越拿越多。如果你选择前者,你的钱只会越拿越少。这就是为薪水工作的结果。你愿意薪水越拿越少吗？如果你不愿意,那么请你在工作中忘记“讨价还价”和“吃亏”的念头。

勤劳是收获的基础,付出是得到的前提。世上没有不劳而获的事情！你想获得丰厚的收获吗？那就努力的工作。

帮助别人也就是帮助自己

生活中,有好人缘的人总是让人羡慕的,他们走到哪里都有朋友,工作生活中遇到什么困难,也很容易就能找到可以帮助自己的人。但是我们要知道,这一切并非凭空得到,所谓种瓜得瓜,种豆得豆,今天所收获的人情果实,都是来源于平时播下的种子,你怎样对待别人,别人也会怎样对待你。

有一天,一个乞讨的小男孩来到一户人家,开门的竟然是一位年轻美丽的女人,当小男孩看到这位年轻美丽的女子时,有点不知所措。他没有要饭,只是向她乞讨了一口水喝。这位女子看到他很饥饿的样子,十分同情他,就送他一大杯牛奶喝。男孩慢慢地喝完牛奶,问道:“我应该付多少钱?”年轻女子回答:“一分钱也不用付。我乐于施以爱心,不图回报。”男孩说:“那么,就请接受我由衷的感谢吧!”说完,男孩离开了这户人家。此刻,他感到自己浑身充满了力量,感到上帝正朝他点头微笑,一股男子汉的豪气顿时迸发出来了。

数年之后,那位年轻美丽的女子得了一种十分罕见的重病,当地的医生对此束手无策,她被转到大城市医治,由专家会诊治疗。如今,那个当年的小男孩已是一位大名鼎鼎的医生了,他参与了这次会诊。当他来到病房的时候,一眼就认出在床上躺着的病人就是曾经帮助过他的那位恩人。他回到办公室之后,暗暗下定决心:一定要竭尽所能治好恩人的病。从那天起,他就特别关照这个病人,经过艰辛的努力,手术成功了。手术的医疗费是巨额的,这个当年的小男孩毫不犹豫地在账单上签了字。当这份账单到了这位病人的面前的时候,她看到在账单的下角写着一行小字:医药费是一杯牛奶。

好的人际关系是成功的基础,但是好的关系的建立不是一朝一夕就能做到的,一定要多付出,从一点一滴入手,依靠平日情感的积累。要知道,人情这种投资最忌急功近利。急功近利,就犹如人情的买卖,就是一种变相的贿赂。对于这种情形,大多数的人都会觉得不高兴,不愿意接受。

所以平时我们一定要重视对朋友的感情投资,没事的时候给朋友发条短信沟通一下感情,这样才会在自己需要人帮助的时候有人来帮你,这就是所谓“晴天留人情,雨天好借伞”的道理。

而且一定要记得在别人落入谷底的时候不要落井下石。要知道人的命运都是起起伏伏的,穷困潦倒的英雄是很常有的。在别人有权有势的时候联系,积累的只是小人情，而在别人无权无势的时候还保持联系才是大人情。记得在一本书上看到过这样一段话：人情冷暖，世态炎凉，平常朋友平常过，交朋结友，不可急功近利，友情投资，易走长线，平常哪怕是只言片语的问候，亦是交友之道。

因此，只有多付出，才能谈收获，要知道，你没有付出那么多，就想要收获那么多，是非常不现实的。

马克是一家餐厅的老板，但是他的餐厅最近很不景气。连续三个多月，营业收入根本无法与成本持平。他的餐厅在经济景气的时候，也曾经有过门外排长龙的日子。但是今晚，马克在算了账款之后，决定餐厅就开到今天为止吧，他已经没有任何能力再承担亏损了。

晚间本来应该是用餐高峰期的，但是店里只坐着一对父子，父子二人只点了一份套餐，孩子不依，不停地哭闹，父亲在刚开始的时候是不予理会的，之后就是很不耐烦地要孩子保持安静。

就在这个时候，店里走进了一位戴着帽子，脸色阴沉的男子，马克赶忙上前招呼，心想：或许这就是餐厅的最后一位客人了吧，那不如多招待他一些吧！但是能做的也不是很多，也就是一个幸运餐桌的免费招待，但是希望这小小的惊喜，能够多少带给他人一点快乐。

所以当那名男子点完餐之后，马克就笑着对他说："恭喜你！你所坐的位置是本日的幸运餐桌！不仅所有的餐点都免费，而且你还会获得额外的招待喔！"

那名男子非常惊讶地看着马克说："没想到我竟然这么的幸运！"马克只是微笑着为男子送上招待的甜点，男子看到后也露出了笑容。隔壁桌子上的孩子看到之后一直吵着说："爸爸，我也要吃甜点。"父亲吼道："吵什么吵，没钱！"

看到这一幕，男子对马克说："那么，我也将我的好运分一点给别人吧！"

说完，他便让马克把甜点送到了那对父子的桌上，孩子一看到甜点就开心地又跳又叫，那位父亲也终于露出了笑容，走到了那名男子的桌旁向他道谢。

在之后的两个人聊天中，知道了那名男子名叫莱维，是一家小公司的老板。莱维问那位父亲是做什么工作的？那位父亲沮丧地说："我原是公司经理，但是因为公司运营不佳，已经通知我月底……"

看着那位父亲沮丧的神情，莱维想了想，说："我的公司现在正在招聘业务方面的人才，不知道你有没有兴趣去试试？"

那位父亲露出了惊讶的表情："这个……当然好啊！"当下，两个人就约定了明天到公司面谈的时间。

这天结束之后，马克就决定餐厅再坚持一阵子，并且他每天都会选出一张幸运餐桌来，招待那张桌子上的客人。这样的消息传开之后，很多的人都很好奇，想要碰碰运气，因此马克餐厅的人气也就越来越旺了。

眨眼几年就过去了，莱维已经是马克餐厅的老顾客和好朋友了。有一天，莱维突然问马克："你知道，当我第一次走进你的餐馆的时候，心里在想什么吗？"

马克摇摇头，莱维接着说："其实，那个晚上，我原本是打算走进餐馆饱餐一顿之后，就结束自己的生命的。"

莱维叹了口气："那天，我的妻子给了我一封信，在信中她说她再也无法忍受我因为工作的原因一直都忽略她，所以她决定与另一个男人远走高飞！在那个晚上，我发现我自己是多么的一无是处，我那么的爱她，她却一点也感受不到，我对这个世界已经心灰意冷了。但是，就是在那个晚上，我竟然坐到了幸运餐桌！在一开始的时候，我的内心觉得非常的讽刺，不过我没想那么多，就把自己的幸运分给了其他人，并且得到了其他人开心的响应的时候，我突然发现，自己还是有用的。所以，我开始重新建设自己的人生！"

马克看着莱维，眼眶里充斥着泪水，这一刻，他深深地体会到：真正的幸运，其实是来自于不顾自己的损失的无私给予，而自己，也是那众多的幸运者中的一员！

在生活中,我们不难发现,那些得到回报的,往往是一些当初不计较成本,甘愿贡献的人。这正应了那句话:有付出才会有收获。只有多付出,我们才能够谈论收获。

如果有什么事情值得去做,就得把它做好

沃尔特·克朗凯特是美国著名的电视新闻节目主持人,他从孩提时代就开始对新闻感兴趣,并在十四岁的时候成为学校自办报纸《校园新闻》的小记者。休斯顿市一家日报社的新闻编辑弗雷德·伯尼先生每周都会到克朗凯特所在的学校讲授一个小时的新闻课程,并指导《校园新闻》的编辑工作。

有一次,克朗凯特负责写一篇关于学校田径教练卡普·哈丁的文章。由于当天有一个同学聚会,于是克朗凯特敷衍了事地写了篇稿子交了上去。第二天,弗雷德把克朗凯特叫到办公室,指着那篇文章说:"克朗凯特,这篇文章很糟糕,你没有问他该问的问题,也没有对他作全面的报道,你甚至没有搞清楚他是干什么的。"接着,他又说了一句令克朗凯特终生难忘的话:"克朗凯特,你要记住一点,如果有什么事情值得去做,就得把它做好。"

在此后七十多年的新闻职业生涯中,克朗凯特始终牢记着弗雷德先生的训导,对新闻事业兢兢业业。

我们周围的很多人在做事情的时候都会说:差不多就可以了,何必追求完美呢?其实不然,抱着侥幸心理,做事敷衍了事的话,会让事情变糟的。当我

们去做一件事情的时候，要抛掉“差不多”心理，认真考虑这件事情还有没有改进的可能，还能不能优化。如果你觉得这件事情值得你去做，那就尽量地将它做好。

在职场上，功亏一篑的事情并不少见。很多人之所以失败，是因为他们抱着侥幸的心理，认为差不多就可以了。这和烧水是一个道理：当水温达到九十九摄氏度的时候，很多人都觉得可以了，水开了，于是就放弃了加火，但是事实上水并没有开。从某种意义上来说，九十九摄氏度的水和四十摄氏度的水是相同的，虽然增加了五十九摄氏度，但其实还是一壶没开的水。所以说，员工在面对工作的时候，要能沉下心来，脚踏实地去做，持之以恒去做，这样才能取得成功。这是非常简单的道理。要切记，三天打鱼，两天晒网，敷衍做事，只会带来一个结果，那就是失败。

研究生毕业的冯平连着两个月都没有找到合适的工作，他的导师建议说：“你不妨先找一个单位待下来，等到站稳脚跟，然后再寻求发展，只要自己有才华，在哪里都能生根、发芽、开花、结果。”导师的话让冯平明白了自己的处境，知道自己下一步该先在一个单位留一下，从最底层的一个办事员做起。

这原本是一个很好的建议，但是冯平却没有完全明白导师的意思。在当办事员期间，冯平并没有好好地对待自己的工作，而是认为自己有研究生的学历，是全单位最有才华的人，因此经常把事情丢给别人去做，甚至胡乱地对付自己的工作，按照他的能力原本能做到一百分的，他却故意只做到六十分。久而久之，单位内的员工从上到下都对他产生了意见，大家纷纷敬而远之，不愿意和他组队，也不愿意和他一起共事了。这种现象引起了老板的注意，经过研究，决定将冯平开除。

在和冯平谈这件事情的那天，老板对他说：“你虽然是一个研究生，但是对我们单位来说，你的价值并不算大，我付给你的薪水比别人要多，这对于我来说不合算，所以我决定不留你了。从明天起，你可以不用来上班了。”

冯平不明白老板为什么要开除他这样一个有才华的人，于是问道：“你凭什么说我没有价值，我现在使用的才华仅仅是我全部才华的十分之一呢！”

老板回答道：“我不管你有多少才华，我只知道你在这里的几个月的时间里并没有做出什么贡献。不过，我还是奉劝你一句话，如果你真的有才华，不妨全部使出来，这样才能创造出你的价值，彰显你的重要性，要知道，只有将才华施展到最大的限度，你的价值才会得到真正的体现。”

无奈的冯平只好离开了这家单位，又踏上了找工作的路。

无论你是谁，既然你站在这个岗位之上，就应该负起这个岗位的责任，做好该做的事情，不要敷衍了事，不要草草完成，不然，你就有愧于你的岗位，有愧于自己的工作，更加有愧于你所追求的成功和价值。

走好每一步，抛弃借口

不要做空中梦想家，只有走好了脚下的路，才能找到通往更远地方的途径。我们只有在生活的每一天都踏踏实实地走好每一步，抛弃借口，不好高骛远也不自我否定，保持积极的心态，勤奋的态度，不断提出新的自我要求，才能盖起理想中的高楼。

施瓦辛格是家喻户晓的好莱坞明星，他完美的身材为他的演艺事业赢得了非常多的机会。但是他小的时候其实是一个非常瘦弱的孩子。那时，他下定决心要去练习举重，梦想自己有一天能够成为一个电影明星。连他的父母都想不到他可以做到，大部分的人也都认为这是这个孩子的一个疯狂的妄想。但是施瓦辛格还是坚持每周三次去体育馆练习举重，每天在家里做几个小时的形体训练。最后，他成为健美比赛的冠军，并以自己完美的身材获得了好莱坞的青睐，成为世界上最健美的男演员之一。

施瓦辛格说，实现梦想的要素就是“勤奋，再勤奋，还有不断的自我要求和积极的思维方式”。因此，如果我们不想让梦想如天际的繁星，遥不可及，那么我们就要把眼前的事情逐一做好，放弃那些让人懒惰和消极的想法，为自己定下切实可行的目标和计划，每天都积极地去实现自己当天的目标。

贝尔研究发明电话的时候，并没有想要创造出一个让世界为之震惊的伟大发明，他最初的想法非常简单：为了让妻子听到外界的声音。贝尔原先在一所聋哑学校做老师，后来和聋哑学校的一位听力有残疾的学生结了婚，他为了让自己的妻子能够听到外界的声音而不断地努力。正是在这个过程中，他发现了电话机的原理，并发明了电话——这个彻底改变了人类文明进程的发明，正来自于贝尔每天的忘我工作。

总是依赖借口和想象的人总是眼高手低的，还没有学会走路，先要去跑步。事实上，最基础的也是最难的，基础是房屋的地基，房子能建多高，都取决于地基的深度。基础的学习和积累是最乏味和辛苦的，它需要人们投入更多的耐心和努力。给自己找借口的人总以为凭借小聪明就可以不用下苦功，最后只能聪明反被聪明误：当理想的大事几乎完工的时候，却因为地基深度不够而轰然倒塌。

其次，我们不能给自己找借口。虽然我们为自己的理想做好了计划，但是借口让我们不能按时完成每天的计划：今天因为要和同事聚会，明天因为自己身体不舒服……最后，我们收获的不是达成理想后的喜悦，而是再也回不去的时光，只是徒生懊恼了。

切记，不找借口，不侥幸，努力奋斗，我们才能收获成功！

梦想不是靠幻想出来的，不可能一夜间突然实现，同样也不会因为你投机取巧而成为现实。只有不断地努力，才能有机会实现梦想。

有个人整天游手好闲，好吃懒做，梦想着有朝一日能投机取巧成为百万富翁。

他从报纸上看到在南太平洋的一个小岛上生活着一种人，这种人长得和现代人十分相似，唯一不同的就是他们只有一只眼睛。看到这个报道，他兴奋不已，心想："如果我能抓到一个这样的人，然后每天带他到街上去展览一番，向参观的人收一定的费用，这样就可以赚很多很多的钱。"于是，他就策划如何抓住这样一个人。

有一天，他一个人划着小船来到了这个小岛上。到了小岛，那里有房屋，有街道，也有商店，还有展览馆，一切和现代社会无异，但如报上所说，这里所有的人都是长着一只眼睛。于是，他躲藏在暗处，准备趁机抓住一个独眼人，然后带回去，那样他就可以发大财了。可是没想到他自己却被岛上的人发现了，那些独眼人看见他，就像看见一个怪物一样，他们从来没有见过长着两只眼睛的人。他们好奇地把他抓了起来，放在展览馆里供人们参观。展览馆的生意火爆异常，那些人靠这个长着两只眼睛的人成了百万富翁。

这个可怜的懒汉后悔自己来到这个太平洋的小岛上，他本以为自己很聪明，没想到却落到这个地步，早知今日何必当初呢？没想到自己反倒成了别人的摇钱树。

在我们的现实生活中，也是这样，许多投机取巧的人，大都成全了别人。所以说，不要抱着侥幸的心理，去做一些投机取巧的事情，就认为自己能获得成功。想获得成功就必须脚踏实地，一步一步地来，没有谁能随随便便成功！

一个人看见一只幼蝶在茧中拼命挣扎了很久，觉得它太辛苦了，出于怜悯，就用剪刀小心翼翼地将茧减掉一些，让它轻易地爬了出来，然而不久这只幼蝶竟死掉了。幼蝶在茧中挣扎是生命过程中不可缺少的一部分，是为了让身体更加结实，翅膀更加有力，而这种投机取巧的方法让其丧失生存和飞翔的能力。

投机取巧会使人堕落，无所事事会让人退化，只有勤奋踏实做事才是最高尚的，才能给人们带来真正的幸福和乐趣。

有些人本来具有出众的才华，很有培养前途，但因为在做学生的时候，没有养成精益求精的好习惯，后来也就无法谋取一个较好的职位。生活中的很多的实例生动地证明了一个道理：无论事情大小，总是抱着侥幸的心理，试图投机取巧的人，可能表面上看会是节约了一些时间和精力，但是结果往往是浪费更多的时间和精力去弥补。

不做空中梦想家，就必须不给自己任何的侥幸心理，不能投机取巧。伟大的人和平凡的人都有目标，伟大的人的目标是伟大的，但是平凡人的目标不一定是平凡的。为什么很多有着伟大目标的平凡人最终没有实现自己的理想呢？那是因为他们在人生的道路上依赖了借口，依赖了投机取巧，要么放弃了努力，要么就是没有找到正确的通往成功的道路。要想成为伟大的人，首先要有宏大的目标，只有有了目标才有前进的动力，那些最终没有实现理想的人，都是因为借口和投机取巧才成了空中梦想家。

靠谁都不如靠自己来得靠谱

有一只小蜗牛问妈妈：“为什么我们从生下来，就要背负这个又硬又重的壳呢？”

妈妈说：“因为我们的身体没有骨骼的支撑，只能爬，又爬不快，所以要这个壳的保护！”

小蜗牛问：“毛虫妹妹没有骨头，也爬不快，为什么她不用背这个又硬又重的壳呢？”

妈妈说：“因为毛虫妹妹能变成蝴蝶，天空会保护她。”

小蜗牛又问:“可是蚯蚓弟弟也没有骨头爬不快,也不会变成蝴蝶,他为什么不背这个又硬又重的壳呢?”

妈妈回答:“因为蚯蚓弟弟会钻土,大地会保护他。”

小蜗牛哭了起来:“我们好可怜啊,天空不保护,大地也不保护。”

蜗牛妈妈安慰他道:“所以我们有壳啊!”

也许对于自己身上的壳我们会抱怨它过于沉重,但是这也恰恰是能体现我们有能力的地方。我们不靠天,不靠地,只靠自己,靠自己的能力谋生,这才是真正的本事。

“坐在舒适软垫上容易睡去。”如果我们总是抱着侥幸的心理,自己不努力,只是一味地依赖他人,这必将会成为我们人生道路上最致命的障碍。

小慧是刚刚毕业的大学生。在她刚刚上班的时候,相对于办公室里那些年近半百的大妈级同事来说,她的到来无疑是给昔日死气沉沉的办公室带来了一缕清风,办公室变得活跃热闹起来。特别是那些年轻的男同事总是有事没事地要跟她开开玩笑,每天都争抢着给她买午餐,打水什么的,甚至有的人还会帮她完成工作。小慧在办公室的每一天都是既安逸又舒适的,这样时间一长,她对她所处的周围的一切都产生了强烈的依赖之心,这也给她以后的工作埋下了巨大的隐患。

有一天,她要跟随办公室主任到北京参加一个会议,在临进场之前四十分钟的时候,主任突然交给她一份资料,要她必须在会议开始之前制成一张表格。这个时候,让小慧难堪的事情发生了,因为以前制作表格的时候,自己从来都没有动过手,只是依赖办公室的那些个“护花使者”,现在到了非要自己上战场的时候,就变得手忙脚乱不知所措了。就是这么一张简单的表格,小慧却对着电脑摆弄了一个多小时都没有搞定,结果她让自己陷入了狼狈的境地,而主任也对她的能力开始怀疑起来。

这就是抱着侥幸心理，依靠别人所带来的后果，在这个世界上我们想要成功就必须要依靠自己。不能抱着侥幸的心理去依赖别人，毕竟别人帮我们做得再多也是别人在做，不是我们自己的成绩，等到非要我们自己去面对的时候，那就骑虎难下了。

要知道，一旦我们有了依赖的心理，就不可能独立完成事情，更不用说去操纵和把握自己的命运了。依赖别人，我们的命运就只能掌握在别人的手里，但是当我们没有任何价值的时候，那等待我们的只有被抛弃的命运了。

每个人的人生都是需要自己去走的。总是想着要依靠别人的帮助的话，是没有办法完成任何伟大的事业的。潜能激励专家魏特利说："没有人会总带着你去钓鱼，要学会自立自主。"

诚然，我们想要取得成功，就不能一直抱着侥幸的心理，认为只要别人帮我们完成的话我们也是可以成功的。那是不现实的，没有人能一直帮助我们的，到最后我们所要依靠的还是只有我们自己。

所以，不管我们以后做任何的事情，都不要抱着侥幸的心理去依赖别人。凡事靠自己，成功才会慢慢地亲近我们。

第十一章

那些压不死你的，都让你更强大

其实你完全可以从恐惧中得到更好的

每个人都有恐惧。如果一个人毫无恐惧那就是不正常的现象了，在《白鲸记》里有这样一句话：当你面临生死关头的正确判断，才是最可靠、最有用的勇气来源。恐惧能为我们传递讯息，并启发我们找到安全的途径。可能让人害怕的事情有很多，但是要记得，害怕不会要了你的命。

既然知道恐惧是一种无益有害的东西，那么为什么还会误入歧途呢？那是因为恐惧者的心理是不一样的。

第一，恐惧可以让人产生惰性，可以避免承担一些风险。一般有这样心理的人在面对事情的时候会说："我什么都做不了，因为我非常害怕……"这样就可以无所事事，不用承担任何的事情，也就避免了风险。

第二，恐惧可以让人因为担心未来而回避现实中的一些困难，成为一种借口。

第三，恐惧是让人无所事事的一种巧妙的办法，这样就可以整天坐在屋子里担忧各种事情，而不必去忙忙碌碌地生活。

第四，恐惧会引起一些疾病，头疼、痉挛、溃疡、高血压等等，这样就能引起别人的注意，而且可以有理由自我怜悯。

当然，只要你愿意，其实你完全可以从恐惧中得到更好的，比如，要是你害怕染上毒瘾，你一定会断然拒绝朋友的邀约。要是害怕得心脏病，就肯定会注重低热低脂肪地吃东西，而且会多运动。要是害怕再也无法和伴侣享受亲密的关系，那么就一定会致力于双方的沟通，而且会以实际的行为去表达爱意。

所以说，人人都是有恐惧的，关键就是要看你怎么去对待自己的恐惧，要是你正视恐惧，并且多加使用，那么恐惧是会帮到你的。但是如果你无视恐惧的话，那么你就会犯下很多的错误，把自己逼入险境。我们何不打开心房，接受恐惧所带来的一切，并且为自己所用呢？

我们唯一需要害怕的是害怕本身

当一位保险行业的销售冠军被问到他是如何销售保险的时候，他说在大学的时候，全校几乎所有的美女都跟他约会过。问的人很纳闷："这跟保险有什么关系？"

他回答说:“很有关系,因为这些所谓的校园美女,大部分的男生都不敢追求她们,他们都是被动的,都怕被拒绝。”

但是他知道,这些美女都是很寂寞的,他不断地主动出击,因此每次都奏效。

正因为他跟学校所有的美女都约会过,所以当他从事保险业的时候,他想,这些成功的人士,大家一定都不敢去拜访,或者认为他们已经买了保险。然而,他不断地主动出击,不断地拜访他们,在说服了这些董事长购买保险后,董事长的朋友也都是成功人士,这些成功人士不断地介绍朋友给他,因此,他成了保险行业的佼佼者。

想要消除恐惧,就要从正面迎击,没有别的办法了,因为,你一旦姑息了恐惧,它便会留在你的身边,把所有接近你的机会都给赶走。所以,为了成功的机会,就一定要消除恐惧,而消除恐惧最好的办法就是行动,不给自己犹豫的时间,做过之后才知道到底会不会成功。

森尼大学毕业后如愿以偿地到了当地的《明星报》任记者。这天,他的上司交给他一个任务:采访大法官布兰代斯。

第一次上班就接到如此重要的采访任务,森尼不是欣喜若狂,而是愁眉不展。他想:自己任职的报纸又不是当地的一流大报,自己也只是一名刚刚出道、名不见经传的小记者,大法官布兰代斯怎么会接受我的采访呢?同事克尔得知他的苦恼后,拍拍他的肩膀,说:“我很理解你。让我来打个比方吧,你现在好比躲在阴暗的房子里,然后想象外面的阳光多么炙热。其实,最简单有效的方法就是往外跨出一步。”

克尔拿起森尼桌上的电话,查询布兰代斯的办公室电话,很快,他与大法官的秘书接通了电话。接下来,克尔直截了当地提出了他的要求:“我是《明星报》新闻部记者森尼,我奉命采访法官,不知他今天能否接见我?”站在旁边的森尼听了吓了一跳,克尔一边打电话,一边向目瞪口呆的森尼扮鬼脸。接着,森尼听到了他的答话:“谢谢你。明天一点十五分,我准时到。”

“瞧，直接向他说出你的想法，一切问题就都解决了。”克尔向森尼扬扬话筒，“明天中午一点十五分，你的约会时间不要忘了。”一直在旁边看着整个过程的森尼脸色平缓了许多，他终于明白，有许多事情其实很简单，只是我们自己把它想得过于复杂了，因此也就丧失了机会。

美国前总统罗斯福说过，我们唯一需要害怕的是害怕本身。恐惧的那些东西只不过是因为自己心中的畏怯，这导致我们在做一些新的事情时就会犹豫不决，会考虑失败了会怎样，我们把大部分的时间都放在往坏处想了。其实，只要转换一下思路，去行动就好了，只要你行动了就有可能成功，但是如果你一直想前想后，左顾右盼，那么就永远不会成功了。

一个人在自己的人生道路上能走多远，与他自己内心对自己的期望值是分不开的。

看过这样一个故事：在中国海边某个贫穷的乡村里住了兄弟两人。他们忍受不了穷困的环境，便决定一起离开家乡，到外面去谋发展。

哥哥似乎比较幸运，被奴隶船卖到了富饶的旧金山，相比较而下，弟弟就比较悲惨，被扔到了比当时的中国还要穷困的菲律宾。

就这样过了四十年，兄弟俩才又聚在了一起。现在的他们已经今非昔比了。做哥哥的在旧金山开了间中式餐馆和一个杂货铺子，子孙满堂，并且下一代们也已经能够自食其力了。

弟弟那就更厉害了，居然成了一位享誉世界的银行家，拥有占据东南亚相当分量的山林、橡胶园和银行。虽然经过这几十年的努力，他们都成功了，但是他们两个在事业上的成就差距如此之大，原因到底出在什么地方呢？

哥哥说：“我们中国人到白人的社会中生活，并没有什么特别的才干，只有一双手可以煮饭给白人们吃，可以为他们洗衣服。也就是说，只要是白人不肯做的工作，我们华人统统包办了。生活上虽然没有问题了，但是事业却是不敢奢望的。就像我自己的子孙们，书虽然都读得不少，也不敢妄想，只是安安分分地去担当一些技术性工作,靠此来生活。想要进入上层的白人社会,那根本就是想都不敢想的。”

哥哥看到弟弟现在这般成功,不免羡慕得很。但是弟弟却说:“幸运却是没有的,但是我的心中一直都有一个要干出个名堂来的信念。我们有力气,我们更有头脑,我相信总有一天我会成功的。初到菲律宾的时候,我也是先去做些低贱的工作。但是慢慢地我发现当地的人都是比较愚蠢和懒惰的,于是我便顶下了他们放弃的事业,慢慢地不断收购和扩张,我的生意也就逐渐地壮大了。”

要知道事在人为,人的成功、运气和环境等等这些因素是没有必然的联系的。在竞争激烈的现代社会中,不前进就意味着终会被这个社会所淘汰。如果你只是抱着得过且过的心态,甘愿做一个掉在队伍后面的边缘人,而不是根据自己的强项,去争取做个强者,那么就注定你无法完成大事。

只要你开始行动,你就已经走在成功的道路上了。不要等明天、后天、下个星期。也不要被各种烦琐的想法所累,把惰性抛在一边,立即就行动,那么,成功的日子就会离你越来越近。

痛才是历练

有个美国人的遭遇是这样的:

二十一岁,生意失败。

二十二岁,角逐议员落选。

二十三岁，再度生意失败。

二十六岁，爱侣去世。

二十七岁，精神崩溃。

三十四岁，角逐联邦众议员落选。

三十六岁，角逐联邦众议员再次落选。

四十七岁，提名副总统落选。

四十九岁，角逐联邦众议员三度落选。

这个美国人就是亚布拉罕·林肯。在这无数次的挫折面前，他没有被吓倒，反而激发了他强大的热忱。终于他在五十二岁的时候登上了总统宝座。

挫折是一种情绪状态和一种个人体验，当一个人身处顺境的时候，尤其是在春风得意的时候，通常很难看到自身的不足和弱点，但是当他遇到挫折的时候，就会反省自己，了解自己的不足和弱点，更会想到自己的理想和需要，与现实之间的距离。由此可以看出，挫折是每个人的人生必修课。挫折可以锻炼人的意志，培养在逆境中再接再厉的精神。

挫折是对人的意志、决心和勇气的锻炼，是对人综合实力的检验。俗话说得好，失败乃成功之母。楚汉之争，刘邦屡败屡战，百折不挠，终于在垓下一战，将项羽打败。人是经过千锤百炼才成熟的，只有经历过挫折，人生才会更精彩。

处在恶劣的环境中，胸怀大志的人能够从困境中看到希望，看到将要到来的辉煌，能把内心强烈自我实现的愿望升华成为自我成长的坚定信念，去开拓，去努力，去寻找成功的窍门。

有一家大公司要招聘业务经理人。来应征的人很多，其中也有很多高学历、多证书、工作经验丰富的人。在经过了经过初试、笔试等四轮淘汰之后，剩下了六位应聘者，但公司只有一个名额。因此第五轮将由老板亲自面试，选在第二天开始。

但是当面试要开始的时候，主考官突然发现考场上竟然出现了七名考生，惊讶地问道："有不是来参加面试的人吗？"这个时候，坐在最后面的一名男子站起来说："先生，我第一轮就被淘汰了，但我想参加这轮面试。"

他的话音一落，全场立刻爆笑不止，就连站在门口处为大家倒水的那个老人也忍俊不禁。主者官不解地问："你连第一关都过不了，还有什么必要参加这次面试呢？"

这位男子说："因为我掌握了别人没有的财富，我自己本人即是一大财富。"

这话说完又是引来一阵哄堂大笑，大家都认为这个人不是头脑有毛病，就是狂妄自大之辈。

这个男子解释说："我虽然只是本科毕业，只有中级职称，可是我有着十年的工作经验，曾在十二家公司任过职……"

这时主考官插话说："虽然你的学历和职称都不高，但是工作十年倒是很不错，不过你却先后跳槽十二家公司，这可不是一种令人欣赏的行为。"

男子说："先生，我没有跳槽，而是那十二家公司先后倒闭了。"

全场再一次的爆笑不止。一个考生说："你真是一个地地道道的失败者！"

男子不以为然，笑着说："不，这不是我的失败，而是那些公司的失败。正是这些失败经历，让我积累了许多财富。"

这时，站在门口的老头儿走上前，给主考官倒茶。

男子继续说："我很了解那十二家公司，我曾与同事努力挽救它们，虽然没有成功，但我知道错误与失败的每一个细节，并从中学到了许多东西，这是其他人所学不到的。很多人只是追求成功，而我更有经验避免错误与失败！"

男子停顿了一会儿，接着说："我深知，成功的经验大抵相似，容易模仿；而失败的原因各有不同。用十年时间学习成功经验不如用同样的时间经历错误与失败，这样所学的东西更多、更深刻；别人的成功经历很难成为我们的财富，但别人的失败过程却可以！"

说完男子离开座位，转身准备出门，又忽然回过头说："我的这些经历培养了我对人、对事、对未来的敏锐洞察力，举个例子来说吧，真正的考官，不是您，而是这位倒茶的老人。”

在场所有人都感到惊愕，不约而同地将目光转向倒茶的老头儿。

那老头儿诧异了一下，很快又恢复了镇静，随后笑了：“很好！看来你的经验确实丰富，我们公司正需要你这种人才。你被录取了！”

由此可以看出，挫折能让我们的人生更有意义。虽然成功能给我们带来喜悦和成就感，但是挫折能让我们看见隐藏起来的风险，让我们能够从中吸取经验教训，从而能够找到更好的解决办法。

在我国古代的洛阳，有一个为人精明，善于算计的人，他叫窦公，但是他财力微薄，难以施展赚钱的本领。

有一天，他在洛阳郊外发现一处极美的风景胜地，真可谓青山绿水。在这块风景地旁边有一座大宅院，房屋严整。窦公一打听，原来是一位权要官宦的外宅。他来到宅院的后花园墙外，看见一片水塘，塘水清澈，直通小河，有水进，有水出，但因无人管理，显得有点凌乱肮脏。窦公心想：生财路来了。

窦公找到了水塘主人，要求买下这块地，水塘主人觉得那是块不中用的地，就以很低的价钱卖给了他。窦公又凑了些钱，请人把水塘砌成了石岸，疏通了进出水道，种上莲藕，放养上金鱼，围上篱笆，种上玫瑰。

第二年春天，那位官员休假在家，逛后花园时闻到花香，到花园后一看，柳暗花明，风景秀丽，不禁心驰神往。窦公知道鱼儿上钩了，立即将此地奉送。

官员自然高兴，和窦公成了朋友。一天，窦公装作无意地提起想到江南走走，官员忙说：“我给您写上几封信，让地方官多加照应。”窦公带了这几封信，往来于几个州县，贱买贵卖，又有官府撑腰，不几年便赚了大钱。

面对挫折不要恐惧，只要认真分析，了解挫折产生的原因，采取正确的应对办法，别被挫折吓倒，变逆境为顺境，化失败为成功。

不要预设假想的灾祸

在生活中，每当我们面临一个新的机会的时候，在斟酌之间，恐惧便会在你的内心悄悄出现，阻挠你制胜的决心。这虽然是每个人都有的心理变化，但是倘若你不早早地加以控制的话，它便会慢慢地累积扩大，最后爬满你的心，进而侵蚀你的骨髓，到那个时候，你就无药可救了。

所以我们不能再继续维持现状了，我们应该直面恐惧，理解恐惧，消除恐惧，这样你才会有获得成功的机会。

那我们如何鼓起勇气，面对恐惧呢？那就是当我们意识到面对恐惧的挑战的时机已经成熟了的时候，危险、惧怕对于我们来说就不算什么了，行动是最重要的。也许我们会结结巴巴、神经紧张地去和它打招呼，不过不要担心，慌张是不要紧的。如果我们实在面对不了这个情况，浑身打颤的话，那么我们可以躲到温暖的棉被里，或者是要一位好友在我们的旁边支持我们。然后我们就可以竖起耳朵，敞开心房直接质问恐惧，为什么要破坏我们的生活，只要我们能直面恐惧，了解恐惧，我们就能从它的掌控中解脱出来。

小林、小丽、小张三个人在调入了新的单位之后，都面临着这样一个困惑：新单位是上级组织，我们三个人都是从基层调过来的。到了一个新的环境中是保持基础骨干的姿态呢？还是表现出新进人员的谦恭呢？三个人的表现各有不同，结果也是不尽相同。

小林我行我素，保持本色，结果被同事们取笑，笑他不知天高地厚。

小丽一改往日的孤傲性格，待人唯唯诺诺，谦虚谨慎，结果不仅是被别人看轻，而且更是被怀疑她的能力。

只有小张能够洞察环境的幽微，不动声色，变得自然，因此他不断地调整自己的位置，很快地就进入了新角色，并且赢得了大家的一致尊重。

所以说我们不要恐惧，要敢于直面恐惧，了解恐惧，并想办法去解决我们所面临的恐惧。

如果我们不敢直面恐惧，那么我们就会被恐惧挤到没有机会的死水中。恐惧会以各种不同的形象出现，像是害怕改变，害怕面对未知的事物，害怕失去等等。众所周知，大家都是有恐惧心的，但是像我们之前所担心的那些恐惧的事情并不会同时发生，甚至都是不可能发生的，毕竟那些恐惧都是我们自己想象的不是吗？所以我们要用我们自己坚强的意志力去克服它。

我们到底在害怕什么？当恐惧浮出我们的意识的时候，我们就把它写出来或者画出来，然后我们就会发现它是一个多么荒谬可笑的畏惧啊，小到我们看到都会觉得不好意思。这个时候，我们就会发现自己的做法是多么正确，把恐惧揪出来至少可以让我们松了一口气，只要我们在恐惧来临之际，给它一个“自白”的机会，那么长期下去，我们就会更加了解自己，面对恐惧，也就犹如面对老朋友。

朱红第一次去看心理医生的时候，开口就说：“医生，我觉得你根本帮不了我，因为我实在是个非常糟糕的人，我总是把工作弄得一团糟，这样下去早晚会被老板炒鱿鱼。就在昨天，老板就说要调我的职，说是升职，但是其实大家心里都明白。要是我干得很好，他干吗要调我的职呢？”

在发泄完之后，朱红终于道出了自己的真实情况。原来，她在两年前拿了个工商管理硕士的学位，也有一份待遇优厚的工作。其实她在工作上的表现还是非常不错的，但是因为她一直在不停地害怕、恐惧着，没有自信，总是觉得自己做得不好，认为自己欠缺的地方太多。就这样她慢慢地就陷入了消极的状态中。

针对朱红的情况，心理医生要求她以后心里不管想到什么，都要写下来。尤其是在晚上睡不着觉时想到的话。

当他们第二次见面的时候，朱红列下了这样的话："我并不怎么出色，之所以有些成绩，纯属侥幸。""我明天一定会大祸临头，因为从没主持过会议。""今天下班时老板一脸的不高兴，我做错了什么呢？"

她坦诚地说："仅仅在一天里，我列下了二十二个消极思想，难怪我经常觉得疲惫，意志消沉。"

朱红在把自己之前写的那些忧虑和恐惧的事念出来之后，才发觉到自己为了一些假想的灾祸浪费了太多的精力。

所以说，从今天起，我们要养成一个白纸黑字的习惯。每天花五到十分钟，把那些不理性、绝望的，甚至是可笑的恐惧诉诸纸笔，慢慢我们就会发现，这些文字或图画会帮助我们直面恐惧，理解恐惧，最后会消灭恐惧。

别看这些所达到的都是一些小的成功，只要我们能坚持，慢慢累积之后，也是一种想不到的巨大的成就。而这些小小的成就会促使我们获得向前冲锋的勇气和毅力。无论在何种情况下，不断的检讨、反省、改进、充实自己，久而久之，就能消灭掉所有的障碍，获得成功。

泥泞的路上才能找到自己的脚印

戴维是美国一个小有名气的化学家，他做的每个实验都必须亲自动手。他在进行分解钾、钠等金属实验的时候经常一做就是几个月，在经过很多紧张的工作之后，实验到了最后的紧要关头，但是这个时候却发生了意外爆炸事故。当时的戴维只觉得眼前一黑，便不省人事了。当他醒来的时候，发现自己躺在病床上，头部包着一层厚厚的纱布。他慢慢睁开眼睛，想看看窗外灿烂的阳光，可他突然觉得眼前像被什么东西挡住了一样。后来医生告诉他：他面部70%被炸伤，左眼失明。戴维一听，承受不住，又昏了过去。当他再次醒来的时候，冷静了许多，许久之后，他决定坚持自己的事业。他想：毕竟我还有健全的双手，右眼还可以看见东西，这就够了！

从医院出来后，戴维立刻进入了紧张的工作中，不顾再爆炸的危险，重新投入了试验。功夫不负有心人，戴维终于成功了。当戴维谈起那个"爆炸事件"时说："感谢上帝没有把我造成一个灵巧的工匠，我最重要的发现是由失败给我的启示。"

只有从风雨中走出来的人，才知道快乐到底意味着什么，只有从风雨中走过的人，才会懂得存在的价值，才能理解苦难所带来的一切，苦难是另一种幸福的开始，只有在风雨和苦难中经历过，才能获得幸福。正所谓彩虹总是出现在风雨后。

鉴真大师刚刚遁入空门的时候，寺里的住持让他做了谁都不愿做的行脚僧。有一天，日已三竿了，鉴真依旧大睡不起，住持很奇怪，推开鉴真的房门，见床边堆了一大堆破破烂烂的草鞋。

住持叫醒鉴真问："你今天不外出化缘，堆这么一堆破草鞋做什么？"鉴真打了个哈欠说："别人一年一双草鞋都穿不破，我刚剃度一年多，就穿烂了这么多的草鞋。"

住持一听就明白了，微微一笑说："昨天夜里落了一场雨，你随我到寺前的路上走走看看吧！"

寺前是一座黄土坡，由于刚下过雨，路面泥泞不堪。

住持说："你昨天是否在这条路上走过？"鉴真说："当然走过，我每天都要走上好几趟。"

住持又问："你能找到自己的脚印吗？"

鉴真十分不解地说："昨天这路又干又硬，哪能找到自己的脚印？"

住持笑笑说："假如今天我让你再在这条路上走一趟，你能找到你的脚印吗？"

鉴真说："当然能了。"

住持听了，微笑着拍拍鉴真的肩说："泥泞的路才能留下脚印，世上芸芸众生莫不如此啊。那些一生碌碌无为的人，就是因为没有经历风雨，就像踩在平坦的大路上，所以什么也没能留下，你是愿意做一天和尚撞一天钟，还是想做一个能光大佛法的有道高僧？"

鉴真恍然大悟，马上穿好草鞋去化缘了，在他的身后也留下了一串通向远方的脚印。

逆境是帮助你淘汰竞争者的地方。因为大家都是一样的，大多数人过不了这个门槛，你能过，那么你就成功了，在这样的时刻，我们需要耐心并满怀信心去等待，路要一步一步地走，大部分的路途是平凡甚至是枯燥的，胜利只属于那些有耐心并且懂得在逆境中微笑的人。毕竟，风雨之后才能见彩虹。

走一步，再走一步

柏森·汉克在1983年创造了一项新的世界纪录：当时的他徒手爬上了纽约的帝国大厦，成为一个名副其实的“蜘蛛人”。

汉克的这一成功引起了轰动。美国恐高症康复协会致电汉克，表示想要聘请这位“蜘蛛人”做康复协会的顾问。汉克接到电话后，只是请他们查一下该院第1042号病人的资料。结果令所有的人都感到吃惊，原来汉克就曾经是那位患有恐高症的病人。

因为在一般情况下，一个人如果患有恐高症，哪怕是站在只有一层楼高的阳台上，心跳都会加速。而汉克居然可以徒手爬上帝国大厦，这简直是件不可思议的事情。为了弄清楚事情的原委，该康复协会的主席诺曼斯来到了汉克的住所，决定亲自拜访这个创造了世界纪录的“蜘蛛人”。

当日，在汉克的住所正在举行一个大型的晚会，以庆祝汉克取得的成就。但是，在这个晚会上，吸引众人目光的不是汉克，而是一位白发苍苍的老妇人——汉克的曾祖母。为了给自己的曾孙庆祝，她特地从一百公里外的地方赶来，而且是徒步走完了全程。

一位九十多岁高龄的老人可以徒步行走那么远的距离，无疑是另一个奇迹。一位记者问她途中有没有放弃的念头，满头银发的老人回答说：“要一口气走完全程需要很大的勇气与耐力，但是‘走一步’却不需要太多的勇气与耐力。只要我走一步，停一步，再走一步，一步步地接上，这一百公里不就完成了吗？”

记者接着问她：“这一路走来，哪一段比较困难？”老人爽朗地笑了笑，回答说:“第一步,第一步最难。只要跨出第一步,那么接着往前走,一百公里也就这么走完了。”想必这样正是汉克成功的秘密。

后来记者知道,汉克和汉克的曾祖母都是受到一位徒步旅行者的启发。这一位创造徒步旅行奇迹的也是一位老人,她从纽约市徒步到达佛罗里达的迈阿密。当记者问她为何有这么大的勇气徒步走完全程的时候,这位已经六十三岁高龄的老人回答说:“走一步不需要勇气,就是这样走一步,再走一步,一直走下去,结果就到了。关键是迈出第一步。”

事实正如柏森·汉克的曾祖母所说,往往迈出第一步是最难的,这也是为什么我们常说“万事开头难”的原因所在。毕竟第一步的迈出,需要我们克服自己心中的恐惧、决心不足的折磨,甚至还要克服对未来的担忧。我们应该记住一句话:既然选择了远方,就只顾风雨兼程。如果没有第一步的迈出,也就不会有最后一步的成功。

关键是迈出第一步。当你有勇气想着自己的目标迈出第一步的时候,你就离自己的梦想不远了。我们需要的就是这样一种精神,其实困难远没有我们所想象的那样可怕。如果你真的鼓足勇气的时候,就会发现所有的难题都会迎刃而解。

在我们遇到问题的时候,不要过度地思考,只要想明白自己要达到的目标、行动的方向就可以了。其中的细节、可能会遇到的困难问题则不要去思考,否则事情还没开始做,就会被设想的困难所吓倒。因为我们的内心往往是具有放大作用的,对于本身能力的认识也往往偏低,以至于还没有行动就先被困难吓倒。我们经常会聪明反被聪明误,想得太多往往会成为捆着我们无法前进的绳索。所以说,在我们做事之前,不必把问题分析得过于清楚透彻,只需要勇敢地迈出第一步就行了。

杰克是一名电影制片人,他自从工作以来就一直是一帆风顺的。但是他自己不满足,他总认为做制片人是不能充分发挥自己的才能和潜力的。在好莱坞，想要获得最大的荣誉那就当导演。于是他执导了一部片子，理想很丰满，但是现实很骨感。评论界当时众说纷纭，票房收入也是极低的。这样一来，导演杰克就不再像从前的制片人杰克那样受欢迎了。而且从此之后，失败接二连三地向他袭来。

就这样过了一年之后，他的电影砸锅，朋友远离他，妻子抛弃他，就好像是一夜之间所有不幸都向他袭来。杰克承受不住巨大的压力，从加利福尼亚逃到了纽约，过起了隐姓埋名的生活。落魄的日子里，他苦思冥想，一个新的计划在他的脑海中诞生了。于是，他选择回到了洛杉矶，回到他曾经战斗过的地方，重新开始。他放下自己的身价和面子，从最基础的工作开始做起。就这样，他靠着自己的努力登上了好莱坞的顶峰。

只要我们能够勇于迈出第一步，直面我们曾经经历过的苦难、挫折和恐惧，那么我们的成功就会在不远的将来等待着我们的到来。

第十二章

这世界才虚晃一枪，别急着掉头就跑

真的勇士敢于直面人生

在我们的生活中，有很多的人，虽然没有到四面楚歌的地步，却也选择了逃避，这样的处事方式，要么是明智的，要么就是愚蠢的。识时务者善于巧妙利用逃避做迂回，既不致使自己陷入矛盾的漩涡中受到伤害，又可以给自己一个缓冲的时间，让自己利用这一过程寻求解决矛盾的良策或任岁月消融了矛盾。而那些愚蠢者却不能审时度势，他们在矛盾始现端倪的时候就选择退出，结果，只能让事情更激化，自己没有任何能力去控制。

人活一世，有苦也有乐，不可能一生万事顺遂，当遇到挫折的时候，当不能被别人理解的时候，当感情得不到宣泄的时候，当被别人欺骗的时候，我们不能直接采取逃避的行为，要知道，适者生存，优胜劣汰，只有那些懦弱的人才会选择麻痹自己来逃避现实，真的勇士敢于直面人生的起落而毫不退缩，继续前行。你可以骗得了别人，但是骗不了自己，也许你可以解脱自己一时，但是你却不能让自己快乐一世，既然如此，我们就应该明白，人生没有逃避的理由。

拉莎·本哈特曾是全世界观众最喜爱的女演员之一。她因摔伤而染上了静脉炎、腿痉挛，医生觉得她的腿一定要锯掉，又怕她承受不了这个打击。但当她知道后，她只是很平静地说："如果非这样不可的话，那就只好如此了。"

在去手术室的路上，她一直背着曾经演出的一出戏里的一幕台词，有人问她这么做是不是为了转移自己的注意力。她说："不是的，我是要让医生和护士们高兴，他们受的压力也很大！"当她将要被推进手术室的时候，她的儿子站在一旁痛哭，她朝他挥了挥手，高兴地说："不要走开，我马上就回来。"

手术后，拉莎·本哈特还继续环游世界进行演说，而她的观众又为她疯狂了多年。

不论在什么样的情况下，只要还有一点点挽救的机会，我们就要奋斗，不然人生肯定不会再有任何转机，也就是说，当我们无法以主观的力量控制事态的时候，或者面对无法改变的事实的时候，不要选择逃避，不如直接面对，平静接受。

因为现实是根本无法逃避的，当我们不愿意面对眼前的东西而转过脸的时候，我们仍然逃不开眼前的一切。逃避不是解决问题的好办法，而是回避自己最想要的，是自欺欺人的，最后换来的肯定是扫兴的结局。

在我们的周围，有这样一群人，他们总是不愿面对现实，或者说是不愿意接触现实，总是对现实中的困难和危险感到恐惧，对未来悲观，对自己缺乏信心，总觉得自己不行，总是逃避现实。

在我们的周围有很多人确实遭受了巨大的打击，面对无力挽回的结局，他们看到希望渺茫,失去了前进的动力,所以选择逃避的方式减轻自己心中的苦痛。而有些人之所以不敢面对现实,却是他们内心脆弱,有社交恐慌症,对人不信任的原因。还有一些人是因为懒散惯了,只想过一种无所事事、没有烦恼忧虑的日子,不想被外界所打扰,才选择逃避,更多的人是不想承担过重的压力,所以才选择这样一种解脱自己的道路。

但是我们应该明白人活在这个世上,是必须要承担一些责任的,对亲友,对他人,对社会,无论哪一方面,都必须要承担起这个责任,不是逃避就可以解决的。不能只在乎自己的感觉,而忽视了别人。

也许你觉得在生活中稍遇不顺而选择逃避是保护自己的最好的办法,但是,你要明白逃避是对自己的不负责任,是懦夫的行为,只有勇敢面对,才是正确的途径。毕竟只要做事就一定会有问题的存在,解决的办法就是全力以赴,这才是上策。无论你面对任何事情,如果一遇到问题就撤退,那么你将一无所获,一事无成!

拿破仑·希尔在大学授课的时候,曾经把毕业班的一个学生的成绩打了个不及格,这个打击实在很大,因为这个学生早已做好毕业后的各种计划,现在又不得不取消,弄得十分难堪。面对这种情况,他只有两条路可走:一是重修学业,下年度毕业时可以拿到学位;二是不要学位,一走了之。

拿破仑·希尔猜测,当这名学生在知道自己不及格的时候,他一定会失望,甚至对自己的老师横加指责。拿破仑·希尔猜得没错,这个学生真的找他来理论了。拿破仑·希尔说他的成绩太差,实在是不能通过,这个学生自己也承认对这一科下的功夫不够。但是,他又辩驳道:“我过去的成绩都在中等水平以上,您能不能高抬贵手放我一马呢?”

拿破仑·希尔态度坚决地表示那不可能,因为这个成绩是经过多次评估才做出的。然后又提醒他,学籍法禁止教授以任何理由更改已经送交教务处的成绩单,除非这个错误确实是由教授造成的。

见拿破仑·希尔态度如此坚决,他显然很生气:“教授,我可以随便就能举

出本市五十个没有修过这门课但照样可以成功的人，我觉得有没有这科没什么了不起！你干吗让我因为这一科过不去就拿不到学位呢？”

在他发泄完了之后，拿破仑·希尔知道避免吵架的有效办法就是停下一切，沉默不语，于是沉默了大约四十五分钟，之后才对他说：“你说的不无道理，确实有许多知名人物几乎不知道这一科的内容。你将来很可能不用这门知识就获得成功，你也可能一辈子都用不到这门课的知识。但是，你必须摆正对待这件事的态度，这对你的将来会有很大的影响。”

“你这话是什么意思？’他反问道。

拿破仑·希尔解释说：“我知道你很失望，我很了解你的感受，所以我不怪你，但我还是建议你用积极的态度对待这件事。一个人如果不能用积极的态度对待你所遇到的困难，那么他将来很难干成大事。如果你按照我说的做了，五年后你会明白，它是让你收获最大的一次经历。”

几天以后，当得知这名学生又去重修这门课程时，拿破仑·希尔露出了欣喜的笑容。这一班，他的成绩非常优异。考试结束之后这个学生特地向拿破仑·希尔致谢，表示对以前的那场争论非常感激：“这次不及格真的让我受益匪浅，我甚至于庆幸多亏那次没有通过考试，不然我学不到这样深刻的人生道理。”

在做任何事情的时候，我们都要首先无条件地接受现实，不要给自己找任何的理由。我们只有勇敢地接受挑战，才能获得成功！

没有任何借口

很多的人之所以有着不如意的遭遇，在很大程度上取决于他们的个人主观意识，他们选择了逃避。假若我们能够善待自己，接纳自己，并不断克服自身的缺陷，克服逃避心理，那么我们就能拥有一个不错的人生。

拿破仑·希尔说过："千万不要把失败的责任推给你的命运，要仔细研究失败的实例。如果你失败了，那么继续学习吧，因为可能是你的努力还不够。你要知道，世界上有无数人，一辈子浑浑噩噩、碌碌无为，他们对自己一生平庸的解释不外乎是'命运多舛''时运不济'。这些人仍然像孩子那样幼稚，他们只知道为自己所犯的错误找借口，却根本不知道去补救。由于他们一直想不通这一点，所以他们一直找不到可以改变命运的机会。"

因此，我们一定要明白这样一个道理：别为失败找借口，只为成功找方法！

"没有任何借口"是美国西点军校百年来奉行的最重要的行为准则，是西点军校传授给每一位新生的第一理念。它强化的是每一位学员想尽办法去完成任何一项任务，而不是为没有完成任务去寻找借口，哪怕是看似合理的借口的理念。秉承这一理念，无数西点毕业生在人生的各个领域取得了非凡的成就。

在工作生活中，我们经常听到这样一些借口：

那个客户太挑剔了，我没办法满足他。

我本来可以早到的，要是不下雨的话。

我之所以没有在规定的时间内完成是有原因的。

我没学过。

我没有足够的时间。

我没有那么多的精力。

我没办法这样做。

这样一个一个的借口，背后隐藏的潜台词，我们都是不好意思说出来的，有些甚至是我们根本就不愿意说出来的。借口让我们可以暂时地逃避困难和责任，获得心理上的慰藉。但是，我们想不到的是，借口的代价是非常昂贵的，它给我们带来的危害一点也不比其他任何恶习少。

在一个公司，一个小小的借口，可能会毁掉公司的生意，甚至会让公司垮掉。

因为在公司的内部，如果有人学会了偷懒，找借口，别人很快也会学的。像下面这样的情况：

“汤姆经常找借口不来上班，有时候还把工作推给我做，却一直拿着和我一样的薪水。我却付出了比他多几倍的努力，我干吗这么傻啊？”

“杰克借口说自己家离公司远，每天慢腾腾的到中午才来上班，他的收入居然比我还高呢。”

“他生病，我还头疼呢。”

这是在很多公司我们都能听到的抱怨声。通常只要公司里有一两个经常找借口不守纪律的，那么其他人都会纷纷效仿。不学好的，偏学坏的。这样一来，就形成了互相推诿、互相抱怨的局面，严重影响了公司的团队精神，进而影响到公司的战斗力和经营业绩。

也就是说如果一直这样下去的话，就会毁掉公司的生意，甚至会毁掉公司。

不管任何时候我们都不要找借口，借口带给我们的不会是长久的幸福安康。如果你一直找借口逃避，那么，在以后你遇到类似的问题的时候，你依然无法解决，只会让问题累积得越来越多，甚至会毁掉自己的一生。所以我们不能找借口，不能逃避，只有心灵上能够逾越困境才是你受用一生的最大财富。

从来没有什么救世主，只有你自己

困难和挫折并不可怕，可怕的是在你跌倒之后，继而迷失了方向，将自己的信念丢掉。越是逃避越是逃不开失败的命运，敢于迎面而上的人才是能够品尝成功的甘甜的人，被挫折征服的人注定是平庸的。

美国一位最成功的电影制片人布朗，曾经先后被三家公司革职。他在好莱坞晋升为二十世纪霍士公司的第二号人物，后来建议拍摄《埃及艳后》，不料这部影片票房收益奇惨。接着公司大裁员，他也被裁掉了。

在纽约，他在新阿美利坚文库任编纂部副总裁，但是几位股东聘请了一位局外人，而他和这人意见不合，于是又被开除了。

回到加州，他又进了二十世纪霍士公司，在高层任职六年，但是董事局不喜欢他所建议拍摄的几部影片，所以他又一次被开除了。

这个时候，布朗开始仔细检讨自己的工作态度。他在大机构做事一向敢言，肯冒险，喜欢凭直觉处事，这些都是当老板的作风，他痛恨以委员会的方式统筹管理，也不喜欢企业心态。

分析了失败的原因之后，布朗开始自立门户，摄制了一系列受人欢迎的影片，如《大白鲨》《裁决》《天茧》等。

布朗作为公司行政人员确实是很失败的，但他天生是企业家，只是过去干了不适合自己的工作，一时没有发挥潜力而已。

其实，世界上真正的救世主不是别人，而是你自己，在困难和挫折面前不要逃避，而要勇敢地面对现实。凭着自己的坚定去战胜困难，成为生活的强者。

也许很多的人都觉得失败这个词意味着一切的结束，但是在成功者看来，失败只是个开始，是重新开始的跳板。无论失败了多少次，只要最终的结果是赢了，那么我们就拥有成功的人生历程。

所以，一定要记得，无论是面临怎样的困境，都不应该放弃自己，选择逃避。如果一直抱着敷衍搪塞的心理，那么无论走到哪里，结果都一定是失败的。因此，与其消极地去逃避，不如坚持自己的信念，理智地应对眼前所面临的一切，相信自己，努力寻找正确的方向，克服它，解决它。任何问题都是不可小觑的，但是只要我们直面它，总是会有办法解决的。

但是，有的人却为了自己而逃避责任。像是有的人在职场上奋斗得筋疲力尽，面对巨大的压力，他们感到无所适从，只好放弃工作回家休养。而有的人在恋爱阶段对对方关心备至，并信誓旦旦地说日后一定要与其结为连理。一旦真的面对婚姻，他们便消失得无影无踪。甚至有的人在父母的辛辛苦苦的供养下完成了学业，步入社会后找了份很体面的工作。但是，他们不想让别人因自己的出身苦寒而轻视自己，于是很少与父母来往，甚至几年都不见一回面。还有一些人在工作中犯了比较严重的错误之后，遭到了领导的严厉批评，感到颜面尽失，就会辞去工作。从这些人身上我们可以看到，很多的人在遇到难事、烦心事的时候，一时找不到解决的办法的时候，就会逃避。

但是这样是解决不了问题的，因为逃避只会让困难越来越多，最终还是要面对的。人不可能一直活在自己的想象中。逃避使你失去信用，甚至连你自己也觉得自己不可靠。在成长过程中，逃避会阻止自我实现。所以我们应该直面问题，承担责任，并发挥自己的潜能。因为只有这样，才能真正释放自己的心灵，让自己有安乐祥和的空间，更主要的是，这样能成全一个全新的自己。

有个人在工作上出了差错，被辞退了。当时他感到非常没有面子，也曾想负气离开这座让他伤心的城市，回老家或者是到一个很远的地方重新开始。但是，最后他终于自己平静了下来，坦诚地承担了这个错误的责任。他把难过的心情推到一边，马上着手开了一个卖文具的小店。后来，他的文具店生意不错，收入很好。他常说："幸亏我没有选择逃避，要不然，直到现在可能我还是一事无成。"

你不是失败，只是暂时没有成功

磨难是人生富贵的财富。生活道路上没有阻力，人的价值就体现不出来，旅途上没有艰辛，人生就没有滋味。因此，我们在面对苦难挫折的时候，不要选择逃避，要直面苦难和挫折。

人生并非总是绚烂多彩的朝霞，有成功也有失败，有幸福和欢笑，也有痛苦和折磨，人人都希望成功，人人都厌恶失败，但是失败是不可避免的，给人带来的痛苦也是巨大的。其实，失败是一道菜，一道难以下咽的苦菜，但你要把它吃下去。当苦苦追求的事业屡受挫折的时候，你就会知道人间的苦涩。当你徘徊，你失落，你想逃避的时候，你就会发现很多的事情是由不得你的，失败不过是酸甜苦辣的人生中的一碟小菜而已。

谁都希望自己的生活愉快而充实，但是生活中总是会有某些不如意的事情不期而至，困扰着你，像是自己辛苦所得的成果被他人占据，被迫从事自己不感兴趣的工作，被他人无端指责或是工作中出现错误等等。这些事情会让我们不快，并像阴云一样笼罩在我们的心头，久久不能散去。

但是我们不能像有些人那样，要么诉诸愤怒和武力，要么独自哀怨叹息，要么选择逃避。我们应该妥善地处理这些事情，在一段时间之后努力让自己的心恢复平静。

因为逃避是推卸责任的举动，不敢面对艰辛的生活，没有改变自己的勇气和决心，是悲观厌世的人生态度。成熟的人懂得为自己负责，然后才会懂得为家人负责，为感情负责，为生活负责。

人只有在经过生活中的苦难、挫折、尴尬等等事情之后，才会懂得生活的不易，才会珍惜自己所拥有的，这就是不经苦寒，何来梅香的意思。

有两粒相同的种子被一起抛到了泥土里。

一粒种子是这样想的：我得把我的根扎进泥土里，努力地往上长，我要走过春夏秋冬，我要看到更多美丽的风景……

这样想着，它就努力地向上生长。没过几年，它就成了一棵枝繁叶茂的大树。

但是另一粒种子却是这么想的：我若是向上长，有可能会碰到坚硬的岩石；我若是向下扎根，有可能会伤害到自己脆弱的神经；我若是长出了幼芽，有可能会被蜗牛吃掉；我若是开花结果，就有可能会被小孩子们连根拔起。想来想去，还是躺在这里比较舒服，比较安全。

就这样，它就一直蜷缩在土里。但是有一天，一只觅食的公鸡走了过来，三啄两啄，便将它啄到肚子里去了。

当我们在感叹两粒种子迥然不同的命运的同时，我们也会很惊讶地发现一个非常浅显的道理：就是当我们越想安于现状的时候，我们其实是越不能安于现状的。因为各种偶然的因素让我们的周围充满了各种各样的风险。所以，我们不能选择逃避、安于现状，我们必须坚定地树起奋发向上的信念，要敢于去冒险，敢于去承受岁月的风风雨雨，只有这样我们才能拥有让人羡慕的成就。

压力是潜能的引爆器

在压力面前，我们不能逃避。逃避虽然可以使我们心里的紧张得到暂时的缓解，但是实际的问题并没有得到解决。

王先生今年四十二岁，在北京一家广告公司担任行销部主管。他结婚已有二十年，有一个很可爱的女儿。王先生的身体状况挺好，只是工作非常繁忙，压力大了点。他每年夏天都会到乡间度假，因此对那种与世无争的田野生活格外羡慕——尤其是当他快被老板逼疯的时候。

于是，他认真地跟老婆商量，能否改变目前这种紧张的生活状态。在获得支持后，他真的放弃眼前那份高薪工作，回到了东北老家当农夫。他租下一块花圃，准备从头开始学起。

结果呢？刚开始几个月，他这个新科花农还做得有模有样。但是，好景不长，才经历了第一个寒冬后就发觉，这里真不是人住的地方，荒凉的景象犹如到了西伯利亚，而他的老婆根本不可能和这里的乡下人打成一片，小孩每天也得换好几趟车才能到学校。

在乡村中，也不可能有什么电影院、KTV之类可供娱乐的地方。有的只是睡觉，因为他每天都累得要死。

在苦撑了一年之后，他们乖乖地搬回了城里。他自称“老了十岁”，改行不但没发财，连老本都砸了。更可笑的是，他当了二十几年的上班族也都没事，在乡下待了一年后反而累出一身病来，这真是他始料未及之事。

由此我们可以看出，逃避是解决不了任何问题的，只有我们勇敢面对，激发自己潜在的能力，直面压力，才可能解决问题，获得成功。

横跨曼哈顿和布鲁克林河之间的布鲁克林大桥是个地地道道的工程奇迹。1883年，富有创造精神的工程师约翰·罗布林雄心勃勃地意欲着手这座雄伟大桥的设计，然而桥梁专家们却劝他趁早放弃这个天方夜谭般的计划。罗布林的儿子华盛顿·罗布林是一个很有前途的工程师，确信大桥可以建成。父子俩构思着建桥的方案，琢磨着如何克服种种困难和障碍。他们设法说服银行家投资该项目，之后他们怀着不可遏止的激情和无比旺盛的精力，组织工程队，开始建造他们梦想的大桥。然而大桥开工仅几个月，施工现场就发生了灾难性的事故，约翰·罗布林在事故中不幸身亡，华盛顿·罗布林的大脑严重受伤，无法讲话也不能走路了。大家都以为这项工程会因此而泡汤，因为只有罗布林父子才知道如何把这座大桥建成。华盛顿·罗布林尽管丧失了活动和说话的能力，他的思维还同以往一样敏锐。一天，他躺在病床上，忽然一闪念想出一种能和别人进行交流的密码。他唯一能动的就是一根手指，于是他就用那根手指敲击他妻子的手臂，通过这种密码方式由妻子把他的设计和意图转达给仍在建桥的工程师们。整整十三年，华盛顿·罗布林就这样用一根手指发号施令，直到雄伟的布鲁克林大桥最终落成。

压力不是不可逾越的障碍，每个压力都是一次挑战，每次挑战都是一次机遇，不要逃避，战胜压力就等于抓住了机遇。

有一个小男孩，他在小学时成绩一直名列前茅，谁知上了中学后由于贪玩等原因成绩一路下滑，到了初二期末考试的时候，他的成绩排名已经降到全校的三十多名。

他的家人非常失望，因为在那所农村中学，每年能考上高中的不到十个，而几乎没有人能考上中专或中师。以他现在的成绩和状态，中学毕业只能回家走父亲的老路，面朝黄土背朝天地干农活。望子成龙的父亲希望他能有出息，便花钱、说好话、走后门、拉关系把他转到县城中学读书。

小男孩到县城一中去的第一天，就发生了一件令人十分气愤的事情。那天，他和父亲一起去的学校，他们紧张地进了校长办公室，接待他们的是县城中学副校长，他扫了一眼他们，然后爱搭不理地说："转学通知！"父亲赶忙从口袋里掏出那张转学通知单，毕恭毕敬地双手递过去。副校长头也没抬，好像父亲的手或那张通知单沾有毒品似的，他只是用两根手指夹在通知单一角拽了过去。

"物理零分？！"副校长充满了蔑视的表情，"我们这儿是省重点中学，不是什么学生都能进来的！"听着他大呼小叫的，小男孩气得直打哆嗦，父亲却依旧赔笑，恭敬地递过去一支烟给副校长，副校长根本不领情，只用手一挡，说："找班主任去吧。"

就这样小男孩进了县城中学，但是不久之后他又旧病复发，没有父母的管束，他照样在外面玩，虽然勉强上了高中，但成绩差不多是班里最差。在他所读的那所高中里，应届班能考上大学的也就五六十左右，而以他的成绩来说，考大学简直是天方夜谭。看着他一天到晚只是玩，根本无心攻读学业，父亲又气又急，想尽一切方法管束他，但是没有任何的成效。

就这样一步步地接近了高三，小男孩的厌学情绪日益高涨，直至最终偷偷地跑到广州去打工。父亲找到了他，这次他没有再打骂小男孩，他只是很无奈地摇着头，问小男孩："初三转学时，刚到县城中学的那天，那个校长说的话，你还记得吗？"小男孩摇摇头，父亲有些激动，颤抖地说："他说你是'臭狗屎'，我这么大年纪的人了，你见我向谁低过头递过烟？都是为了你啊，为了你转学，我低了……"小男孩心头一颤，他主动回到学校的教室里，坐下来看书，为了父亲，也是为了他自己。也就是从那时起，他开始发奋读书，分秒必争，终于功夫不负有心人，当高考成绩出来时，他以全班第二名的成绩考取了一所本科院校。

这个故事告诉我们，在面对失败的时候，我们不要选择逃避，逃避终究不会带给我们任何的希望，只有勇于面对，学会适应，我们才能收获成功！

既要有挽回败局的勇气，也要有战胜痛苦的魄力

要知道，在这个世界上能拯救你的只有你自己。别人可以帮助你，但也只是帮助而已。想要真正改变自己的话，还是要自己鼓励自己，自己迈开双腿去面对的。其实成功者和失败者是站在同一个起点上的。最大的区别是：成功者不会因为一次的挫折就选择逃避、退缩，而是勇敢地出击。而失败者却是选择逃避，退缩在自己的龟壳中。

阿加莎·克里斯蒂是世界著名的英国侦探小说家，一生著有《尼罗河上的惨案》《东方快车谋杀案》等八十多部经典小说，在世界各地拥有数以亿计的忠实读者。可以想象，她在全世界文学界的地位是何等显赫，然而正是这位名满全球的女作家，在事业登峰造极的时候，婚姻却由幸福走向灭亡。

克里斯蒂和丈夫情投意合，结婚几年来一直恩爱幸福。丈夫大力支持克里斯蒂的写作事业，为了激发她的创作灵感，经常陪她出去进行一些探险活动，可谓尽心尽责。

随着克里斯蒂的作品越写越多，越写越精，越来越多的作家和读者注意到她的作品，她的名声也越来越大。可能是克里斯蒂把越来越多的精力放在事业上，使得丈夫过够了那种被冷落的生活，最终无法忍受，以至于抛弃了她，投入了另一个女人的温暖怀抱。情深意笃的丈夫离她而去，克里斯蒂显然

一时承受不了这种强烈的刺激,以致失去了记忆。

尽管克里斯蒂在医生的帮助下恢复了记忆,但心底的创伤却难以恢复。可她并没有就此消沉,而是把全部精力投入了创作当中,她要用事业上的成功来抚慰生活上的痛苦。从那以后,她的小说几乎以每年两本的速度连连问世。

克里斯蒂本人对这个重创也是深有感悟:“我想每个人都有过不幸和挫败,不过那是我经历的生活中的一部分,但这一部分已经结束了,它最多只是没有意义的回忆,无须多想。面对挫折和失败,既要有挽回败局的勇气,也要有战胜痛苦的魄力。失败、落泪、痛苦、羞辱都是人生的一部分,过去的就让它过去,重要的是能在未来的日子寻找新的快乐。”

要知道,不管多大的失败,多么严重的创伤,一旦过去就不要再回想了,要想的事是如何面对明天,面对新生活,怎样勇敢地出击,我们要从失败中感悟生活,总结过去,面向未来。

所以我们不能再逃避,再退缩了。一个在失败面前只懂得退缩的人,即便是身怀绝技,也不会有多大成就的。只有在挫折面前越战越勇的人,才能最终获得成功,才能创造出属于自己的价值。要知道,成功永远都只属于强者,是与弱者绝缘的。我们想要成功,就必须选择勇敢出击,不逃避,不退缩。

第十三章

成功永远出现在我们放弃之后的下一秒

请你逼着自己再坚持一秒钟

20世纪70年代，是世界重量级拳击史上英雄辈出的年代。四年多未上拳台的拳王阿里，此时的体重已超过正常体重九公斤多，速度和耐力也已大不如前，医生给他的运动生涯判了“死刑”。然而，阿里坚信“精神才是拳击手比赛的支柱”，他决定凭着顽强的毅力重返拳台。

1975年9月30日，三十三岁的阿里与另一拳坛猛将弗雷德进行第三次较量(前两次一胜一负)。在进行第十四回合时，阿里已筋疲力尽，濒临崩溃的边缘，几乎再无丝毫力气迎战下一回合了。然而，他拼着性命坚持着，不肯放弃。他心里清楚，对方和自己一样，也是只有出的气了。比到这个地步，与其说是在比气力,不如说是在比毅力,就看谁能比对方多坚持。他知道,此时如果在精神上压倒对方,就有胜出的可能。于是他竭力保持坚毅的表情和誓不低头的气势,令弗雷德不寒而栗,以为阿里仍存着体力。这时,阿里的教练邓迪敏锐地发现弗雷德已有放弃的念头,他将此讯息传达给阿里,并鼓励阿里再坚持一下,阿里精神一振,更加顽强地坚持着。

果然,弗雷德表示"俯首称臣",甘拜下风。裁判当即高举起阿里的手臂,宣布阿里获胜。这时,保住拳王称号的阿里还未走到台中央便眼前漆黑,双腿无力地跪在地上。弗雷德见此情景,追悔莫及,并为此抱憾终生。

理想是成功的起跑线,决心则是起跑时的枪声,行动犹如跑者全力地奔驰,唯有坚持到最后一秒,方能获得最终的金牌。

在遭遇困难的时候,要告诉自己坚持,坚持到最后一秒,也许你再坚持一下就能获得成功,从容地着手去做一件事,一开始就要坚持到底。

在生活中,失败者的悲剧就在于被前进道路上的迷雾遮住了眼睛,他们不懂得坚持一下,不懂得再朝前跨越一步,坚持到最后一秒,其实只要再稍微坚持一下,前方的道路就会豁然开朗,但结果往往是他们在成功之前的那一刻便倒下了。

有这样一个女孩,她对足球十分的痴迷,一个偶然的机会,她被父亲送到了体校学踢足球。

在体校,女孩并不是一个很出色的球员,因为此前她并没有受过正规的训练,踢球的动作、感觉都比不上先入校的队友。女孩为此情绪一度很低落。这个时候,职业队也经常去体校挑选后备力量,每次选人,女孩都卖力地踢球。女孩总是没有被选中,而她的队友已经有不少陆续进入了职业队,没选中的也有人悄悄离队。于是这个女孩便去找一直对她赞赏有加的教练,教练总是很委婉地说:"名额不够,下一次就是你。"天真的女孩似乎看到了希望,又树立了信心,努力地接着练下去。一年之后,凭着女孩的刻苦努力,终于收到了职业队的录取通知书。她激动不已，马上就去球队报了到。

在职业队受到良好而有系统的实战训练后，女孩充满信心。她很快便脱颖而出。这个小女孩就是获得20世纪世界最佳女子足球运动员的中国球星孙雯。后来，孙雯讲述这段往事的时候，感慨地说："一个人在人生低谷中徘徊，感觉自己支持不下去的时候，其实就是黎明的前夜，只要你心中总是充满希望，坚持一下，再坚持一下，前面肯定是一道亮丽的彩虹。"

很多时候，我们会发现很多的人在做事情的开始都有旺盛的斗志，但是，往往就在最后一刻的时候，顽强者能咬紧牙关坚持到胜利，懈怠者就在这个时候放弃了，从而失去了自己应有的成功。决不放弃，坚持到最后一秒，这来自于人的毅力。在我们成功的路上，我们一定要记得坚持，再坚持一下，坚持到最后一秒，就能获得成功。

不会因为一时的挫折而停止尝试的人，永远都不会失败。在逆境中我们能找到在顺境中找不到的机会。处于逆境，陷入困苦的时候，要学会坚持，不要气馁，不要轻易放弃，很多时候我们只需要再坚持一秒钟，成功的曙光就会来临。

最后一次爬起来的人往往才会获得胜利

在当今这个喧嚣的社会里，真正执着的人是越来越少了，可是我们的时代又处处都需要执着的人。无论是伟大辉煌的事业，还是平凡无奇的岗位，成功往往出现在执着的坚持中。

克尔是一家报社的职员，他刚到报社当广告业务员的时候，对自己充满了信心，甚至向经理提出不要薪水，只按广告费抽取佣金，经理答应了他。

开始工作后，他列出了一份名单，准备去拜访特别重要的客户，公司其他业务员都认为想要争取这些客户简直是天方夜谭。在拜访这些客户前，克尔把自己关在屋里，站在镜子前，把名单上的客户念了十遍，然后对自己说："在本月之前，你们将向我购买广告版面。"

之后，他怀着坚定的信心去拜访客户。第一天，他以自己的努力、智慧和二十个"不可能的"客户中的三人谈成了交易。在第一个月的其余几天，他又完成了两笔交易。到第一个月的月底，二十个客户只有一个还不买他的广告。

尽管有了令人意想不到的成绩，克尔依然锲而不舍，坚持要把最后一个客户也争取过来。第二个月，克尔没有去发掘新客户，每天早晨，那个拒绝买他广告的客户的店门一开，他就进去劝说这个商人做广告。而每天早晨，这位商人都回答说："不！"每一次克尔都假装听不到，继续前去拜访。到那个月的最后一天，对克尔已经连着说了三十天"不"的商人口气缓和了些："你已经浪费了一个月的时间来请求我买你的广告了，我现在想知道的是，你为何要坚持这样做？"

克尔说："我并没有浪费时间，我在上学，而你就是我的老师，我一直训练自己在逆境中的坚持精神。"那位商人点点头，接着克尔的话说："我也要向你承认，我也等于在上学，而你就是我的老师，你已经教会了我坚持到底这一课。对我来说，这比金钱更有价值。为了向你表示我的感激，我要向你买一个广告版面，当作我付给你的学费。"

人人都渴望成功，人人都想得到成功的秘诀，然而成功并非唾手可得，我们常常忘记，即使最简单的事情，如果不能坚持下去，成功的大门也就不会轻易地开启。除了坚持不懈，永不放弃，成功并没有其他的秘诀。

人生有两杯必喝之水，一杯是苦水，一杯是甜水，没有人能回避得了。区别不过是不同的人喝甜水和苦水的顺序不同而已。成功的人们往往都是先喝苦水，再喝甜水。而一般的人们却是先喝甜水，再喝苦水。在成功的过程中拥有坚持的毅力是非常重要的，在面对挫折的时候，要告诉自己：坚持，再来一次。因为这一次的失败已经过去了，下一次才是成功的开始。人生的过程都是一样的：跌倒了，爬起来。只不过是成功者爬起来的次数比跌倒的次数多一次。最后一次爬起来的人往往才会获得胜利。最后一次爬不起来或是不愿意再爬起来的人，就是失败者。

有一个六十五岁的贫穷的老人，他身无分文、孑然一身。当他拿到平生第一张救济金支票的时候，金额只有一百零五美元，他的内心沮丧极了。他决定行动起来，改变自己贫困的境况。

他手中唯一的财产，就是拥有一份炸鸡专利配方。老人经过反复思考：如果把它卖掉，所赚的钱可能还不够支付房租呢，但如果保留配方的专利权，让那些餐馆来使用，之后从他们的盈利中提成不是很好吗？

在别人的眼里，这是一个幼稚的念头，但是老人还是想尝试一下。于是，他敲开了第一家餐馆老板的门，问："我有一份上好的炸鸡配方，如果你能够采用，一定会使你的生意更加兴隆，而我只希望从你的营业额里提成。"那家餐馆老板知道他的来意之后，嘲讽地说："把你的这个痴人说梦的念头收回去吧！"

但是，老人并没有因为一次的拒绝而气馁，他反倒用心地修正说辞，以便更有效地去说服下一家餐馆。

直到遭遇了第一千零九次拒绝之后，他才听到"同意"两个字。第一千零一十家餐馆采用了老人的炸鸡配方后，生意顿时红火起来，营业额一下子翻了几番。老人的大名从此传了出去。

之后，许许多多餐馆都主动找到老人，与他签订合作合同。很快，老人的炸鸡配方便风行世界，使许多当时并不景气的餐馆老板成为百万富翁。而老人则从每一块炸鸡上提成五美分，源源不断的财富流入老人的账下，最终使他成为一代巨富。这位老人就是肯德基炸鸡连锁店的创始人桑德斯。

在这个世界上，只有执着、永不放弃、坚持不懈的人，才能拥有成功的人生。事实上，每一个人的成功都与他执着的信念是分不开的。他们也许在其他方面有缺陷，他们也许有自己的错误和缺点，他们也许有稀奇古怪的地方，但是对于每个追求成功的人来说，坚持不懈、永不放弃、持之以恒的精神是必须的。不管遇到多少困难，不管遇到多少挫折，不管遭到多少反对，都必须克服困难、一往无前地坚持下去。因为只有坚持不懈地走下去，永不放弃，才能改变我们的人生，获得成功。

可以被打倒，但不可以被打败

“追求目标，永不放弃最后的努力”的执着精神是我们都要学习的。当你下定决心为自己的目标奋斗的时候，就一定要坚持到底，永不放弃。如果只是浅尝辄止，畏惧退缩，在失败还没来临之前，就自暴自弃，破罐子破摔，那么你就永远不可能成功。

有一天，一家大公司要裁员，在名单中，出现了丽丝尔和哈根里的名字，按规定一个月之后她们必须离岗，当时她俩的眼眶就红了。

第二天上班之后，丽丝尔的情绪仍然非常激动，跟谁都没有什么好声气。她不敢找老总去发泄，于是就跟主任诉冤，找同事哭诉：“凭什么把我裁掉？我干得好好的……这对我来说太不公平了！”

她声泪俱下的样子，让人既同情，又不知该怎样劝慰她，而她也只顾着到处诉苦，以至于她的分内工作传送文件、收发信件等都不再过问了。

她原本是个很讨人喜欢的人，但现在她整天气愤愤的，许多人都开始有些怕和她接触，躲着她，后来就有点厌烦她了。

哈根里则与她不同，在裁员名单公布之后，虽然哭了一个晚上，但第二天一上班，她就和以往一样地干开了。由于大家都不好意思再吩咐她做什么，她便主动向大家揽活。面对大家同情和惋惜的目光，她总是笑笑说：“是福跑不掉，是祸躲不过。反正都这样了，不如干好最后一个月，以后想干恐怕都没有机会了。”每天，她仍然非常勤快地打字复印，随叫随到，坚守在自己的岗位上。

一个月后，丽丝尔如期下岗，而哈根里却被从裁员名单中删除，留了下来。主管当众传达了老总的话：“哈根里的岗位，谁也无可替代，哈根里这样的员工，公司永远不嫌多！”

要想成就一番事业，就要敢于坚定不移的迎接挑战。我们要敢于让自己的决心坚定得像高山一样，失望沮丧的情绪不能动摇它，别人的冷眼旁观不能削弱它，即使外界的艰难险阻也不能阻挡它！无论前方有多少艰难险阻，都要勇敢地站出来去面对它，向它挑战！在与困难的斗争中，我们会随之强大起来。最后，就连自己都会为自身如此迅速的成长感到惊讶。反之，如果我们一遇到困难就忍不住畏惧退缩的话，我们的自信与勇气也会随之逐渐消失，那么，我们永远不可能获得成功。

有一位日常用品的推销员。一天，他走进一家小商店，看到店主正忙着扫地，他便热情地伸出手，向店主介绍和展示公司的产品，对方却毫无反应，很冷漠地对着他，这位推销员一点也不气馁，他又主动打开所有的样品向店主推销。他认为，凭着自己的努力和推销技巧一定会说服店主购买他的产品的。但是，出乎意料的是，那个店主暴跳如雷，用扫帚把他赶出了店门，并扬言：

“如果再见到你,我就打断你的腿。”

面对这种情形,推销员并没有愤怒和感情用事,他决心查出这个人如此恨他的原因。于是,他多方打听,才明白事情的真相。原来,在他之前,这个店主购买了另一位推销员推销的产品,却一直卖不出去,造成产品积压,占用了许多的资金。店主正愁如何处置呢!

了解情况之后,这个推销员便疏通了各种管道,重新做了安排,使一位大客户以成本价格买下那位店主的存货。不用说,他受到了店主的热烈欢迎。

人可以被打倒,但不可以被打败。只要紧紧盯住自己的目标,即使一百次跌倒,也要在一百零一次爬起来,用不屈的毅力和信念,坚持不懈,赢得未来。因为很多时候击败我们的不是别人,而是自己对自己的放弃,熄灭了心中的希望之光。

跌倒了并不可怕,可怕的是跌倒之后爬不起来,尤其是多少次跌倒之后失去了继续前进的信心和勇气。俗话说得好,胜败乃兵家常事。跌倒怕什么?多少次的跌倒之后,人的抗击打能力便会增强。不管经历多少次的跌倒,内心都要依然火热、镇定。以屡败屡战和永不放弃的精神去面对挫折和困难,失败中常孕育成功的果实。

“锲而舍之,朽木不折;锲而不舍,金石可镂。”人生最大的成功不在于失不失败,而是在于它是否坚持不懈,不管被打倒了多少次,还能立刻站起来继续投入战斗。只要他还有爬起来的勇气,他就没有被打败。其实,这个世界上没有什么障碍是不能逾越的,只要你能做到屡败屡战,越挫越勇,坚持不懈,勇敢地奋斗,就会走向成功。

方法总比问题多

在生活中，失败是在所难免的。我们要用积极的心态面对失败。要把失败看作成功路上的一种历练。我们要保持清醒的头脑、稳健前进的脚步，在逆境中多思考，找到失败的症结，总结经验教训，让自己的能力强大起来。

惠特尔和普克特大学毕业后，四处找寻工作，但因为机遇不佳，他们换了许多工作，都觉得不适合自己的发展。他们感到绝望，甚至想就这样把人生打发了，一辈子庸庸碌碌地度过去就得了，但是，他们所受的教育又不允许他们就这样虚度光阴，无所作为。

实在没有办法，他们两个人经过一番思想挣扎之后，一起辞去工作，奔跑于纽约的大街小巷，想找到适合自己长远发展的公司。

但是，这一次他们更加绝望，因为当时正处在美国经济大萧条时期，许多公司都在裁员，那些有利于他们长远发展的公司也已经人满为患，又岂能再容他们进去？

生活进入了低谷，他们两个人经过一番慎重的思考，决定合伙开创自己的事业。他们在加州租了房子，开始搞一些小电器的发明，希望通过出售自己的专利技术，奠定自己的事业的基础。但是，整整一年，他们都毫无生活来源。所发明的产品卖不出去，他们并没有气馁，而是继续这一事业。

第二年，他们经过不断的努力，又研制出了一种产品，被一家公司看中，买走了专利权。就这样，他们两个挖空心思，苦心研制，并试验推销，终于为自己开辟出一条新的道路。后来，他们的公司成了有关电子元件和电子检测仪器的供应商，这就是今天著名的惠普公司。

在人的一生中，挫折和失败是难免的，要知道没有办不成的事，只有没办法的人。因此，在面对失败的时候，不要心灰意冷，怨天尤人，不妨把挫折和失败作为命运的考验。要有走错一步，也胜过原地不动的心态，只有前进，才能有矫正方向的机会，才会真的有办法做事情，成功才会离得越来越近。

大学毕业后，丁磊回到家乡，在宁波市电信局工作。电信局旱涝保收，待遇不错，但丁磊觉得那两年工作非常枯燥乏味，同时更感到一种难尽其才的苦恼。

1995年3月，他准备从电信局辞职，遭到家人的强烈反对，但他去意已定，一心想出去闯一闯。

他这样描述自己的行为："这是我第一次开除自己。人的一生总会面临很多机遇，但机遇是有代价的。有没有勇气迈出第一步，往往是人生的分水岭。"

他选择了广州。初到广州，走在陌生的城市，面对如织的行人和车流，丁磊越发感到财富的重要性。一日三餐总得花钱吧？也不可能睡在大街上成为盲流吧？

不知道去过多少家公司面试，不知道费过多少口舌，凭着自己的耐心和实力，丁磊终于在广州安定了下来。1995年5月，他进入外企工作。

1997年5月，丁磊决定创办自己的网易公司。此后，在中国IT业，丁磊成了举足轻重的人物。自从2001年年底推出了《大话西游》以后，网易已经从网络游戏领域的"小人物"变成该领域的巨头之一。

只有想不到，没有做不到。只要我们去做，只要我们不怕失败，永不放弃，坚持不懈，成功就在眼前。一个人拥有了执着的精神，那么在他的眼里，平凡的小草也可以变成无边的春色，无名的小河可以汇成汪洋大海。因为执着的心理总是洒满金色的阳光，他们的眼里总是充满希望，面对一些困难和挫折，都会积极地想办法去解决，对于这样的人，成功终会到来。

给自己一个永远燃烧的希望

如果我们已经付出很多的努力去做一件事情，就不要轻言放弃，不要放弃希望，再努力一次，也许就会成功。只有这样，才不会前功尽弃，我们才不会失去成功的机会。

大家都知道凡尔纳是一位世界闻名的法国科幻小说作家，但是很少有人知道，凡尔纳为了发表他的第一部作品，曾经经受过多么大的挫折。

1863年冬天的一个上午，凡尔纳刚吃过早饭，正准备到邮局去。突然，听到一阵敲门声，开门一看，原来是一位邮差，把一包鼓鼓囊囊的邮件递到了凡尔纳的手里。一看到这样的邮件，凡尔纳就预感到不妙。自从他几个月前把他的第一部科幻小说《乘气球五周记》寄到各出版社后，收到这样的邮件已经有多次了，他怀着忐忑不安的心情拆开一看，上面写道："凡尔纳先生：尊稿经我们审读后，不拟刊用，特此奉还。某某出版社。"每看到这样一封退稿信，凡尔纳心里都是一阵绞痛。

凡尔纳此时已深知，那些出版社的"老爷"们是如何看不起无名作者的。他愤怒地发誓，从此再也不写了。他拿起手稿向壁炉走去，准备把这些稿子都付之一炬。凡尔纳的妻子赶过来一把抢过手稿紧紧抱在胸前。此时的凡尔纳余怒未息，说什么也要把稿子烧掉。他的妻子急中生智，以满怀关切的语气安慰丈夫："亲爱的，不要灰心，再试一次吧，也许这次能交上好运呢。"听了这句话以后，凡尔纳抢夺稿件的手，慢慢放下了。他沉默了好一会儿，然后接受了妻子的劝告，又抱起这一大包手稿到下一家出版社去碰运气。这次没有落空，读完手稿后,这家出版社立即决定出版此书,并与凡尔纳签订了出书合同。

没有他妻子的疏导,他也许就会放弃希望,就不会有再努力一次的勇气,那么我们也许根本无法读到凡尔纳笔下那些脍炙人口的科幻故事,人类就会失去一份珍贵的精神财富。

在我们的一生中,遭遇挫折是在所难免的,但是当我们面对挫折的时候,最重要的不是避免挫折,而是要在挫折面前采取积极进取的态度。要知道,挫折和失败并不可怕,可怕的是在面对挫折和失败的时候选择了放弃,放弃了自己应该有的追求。

有一次,有一位重要人物准备对南卡罗来纳州一个学院的学生发表演说。这个学院规模不大,整个礼堂坐满了学生,他们为有机会聆听一个大人物的演说而兴奋不已。

演讲开始,一位女士走到麦克风前,扫视了一遍听众,说:"我的生母是聋哑人,因此没有办法说话,我不知道我的父亲是谁,也不知道他是否还在人间。对我来说,生活陷入艰难之中,而我这辈子的第一份工作,是到棉花田去做事。"

台下一片寂静,听众显然都呆住了。

"如果情况不如人意,我们总可以想办法加以改变。"她继续说,"一个人的未来怎么样,不是因为运气,不是因为环境,也不是因为生下来的状况。"她重复着方才说过的话,"如果情况不如人意,我们总可以想办法加以改变。"

"一个人若想改变眼前充满不幸或无法尽如人意的情况,那他只要回答这样一个简单的问题:'我希望情况变成什么样?'确定你的希望,然后就全身心投入,采取行动,朝着你的理想目标前进即可。"

随后她的脸上绽出美丽的笑容:"我的名字叫阿济·泰勒·摩尔顿,今天我以美国财政部长的身份,站在这里。"

由此可以看出，我们必须学会审视自己所面临的挫折和失败，让挫折成为我们成功的阶梯，并且以此为基础，重建自信，重新面对生活的战斗，这样，我们才能让成功成为我们的囊中之物。

有这样一个小女孩，她居住在纽约州的一个小镇子上。从很小的时候起，她就有一个愿望：长大以后要做一名出色的演员。邻居和亲朋好友听了之后都是一笑置之，因为大家都认为她的理想不过就是小孩子不切实际的幻想罢了。

然而，她却为了自己的理想坚持不懈的努力。十八岁那年，她考入了纽约市的一所艺术学校。在学校里，她一点也不敢松懈，坚持刻苦的学习，并且坚信自己总有一天能够成为一名好演员。但是，事与愿违，她的成绩总是不尽如人意。因为这所学校里有那么多天资聪明的优秀的学生们。

三个月过去之后，学校给女孩的母亲写了一封信："学校为曾经培养出许多的一流男女演员而骄傲。但是，我们从来没有接受过像您女儿一样缺乏艺术天赋和才能的学生，她不能再在本校学习了！"

女孩不甘心就这样被踢出了校门，更不甘心就这样放弃了自己的理想。在这之后的两年中，她为了生计，在纽约城里干杂活，当女招待和寄存处的服务员等。在工作之余，她申请参加了一个剧院的彩排，并且彩排没有一分报酬。就是这样，演出的时候老板还是在公演前的晚上对她说："你缺乏艺术细胞，也没有什么表演才能，你走吧！"

就这样过了两年之后，她不幸得了肺炎，病魔终于摧毁了她的身体。因为付不起昂贵的医药费，她只能住在一家医疗条件特别差的慈善医院里面。更为不幸的是，在她住院三个星期之后，医生竟然告诉她，她可能再也不能行走了，肺炎导致她腿上的肌肉萎缩了。

就是在这样悲惨的情况下，她重返了母亲的小镇。在母亲的鼓励之下，她一直坚信自己总有一天可以重新走路。就这样，母女俩在一位本地医生的帮助下，开始了恢复腿部力量的训练。刚开始，母亲在她的腿上加重九公斤，双腿绑上夹板,她试着用双拐支撑行走。起先她经常摔倒,使得她的手臂经常被摔得惨不忍睹。但是,在面对着母亲含泪的双目的时候,她总是忍着剧痛,再一次站起来并且微笑着面对母亲。就这样,她每天都在不断地重复练习。经过了两年的时候,她终于能够行走了。虽然有的时候走路会有些跛脚,但是经过她的调整之后,别人是看不出来的。

在二十三岁那年,她终于得以重返纽约寻找自己的梦想。在这之后的十七年时间里,她一直没能够实现自己的愿望。这种情况一直持续到她四十岁的时候。直到四十岁的时候,她才得到了在一部影片中的一个配角的角色。就是这个角色让她迎来了成功。她朴实的表演打动了亿万观众的心。由此使她成了美国乃至世界演艺界的著名人物。她的名字是露茜。

露茜的故事告诉我们,失败对我们来说是不可避免的,但是对于成功者来说,失败不会让他们心灰意冷,反而会鼓舞士气,激发出他们更大的潜能。露茜就是这样的成功者,她坦然面对一次又一次的失败和打击,甚至病魔的折磨都没有让她放弃自己的希望,从而获得了成功。要知道,梦想只要能持久,就能成为现实。所以千万不要在困难和挫折来临的时候放弃自己的希望,如果你放弃了,你注定会被成功所抛弃。如果你不放弃,成功就会收入你的囊中。

我们一定要明白这样一个道理:苦难并不可怕,可怕的是当我们面对苦难的时候选择了萎靡不振,趴下之后就爬不起来了。要记住,只要我们拥有希望,生命便不会枯竭。给自己一个希望,我们就有勇气和力量来面对生活中的不幸。

因此,不管任何时候我们都不能放弃希望。希望是我们前进路上的曙光,如果放弃了,那么我们将坠入黑暗中。

第十四章

认真不是较真儿，活明白就不累

快乐不是拥有得多，而是计较得少

一个人的快乐，不是因为他拥有得多，而是因为他计较得少。多是负担，是另一种失去；少非不足，是另一种有余。舍弃也不一定是失去，而是另一种更宽阔的拥有。

有一个人非常幸运地得到了一颗硕大而美丽的珍珠，然而他并不感到满足，因为在那颗珍珠上面有一个小小的斑点。他想若是能够将这个小小的斑点剔除，那么它肯定会成为世界上最珍贵的宝物。

于是，他就下狠心削去了珍珠的表层，可是斑点还在，他又削去了一层又一层，直到最后，那个斑点没有了，而珍珠也不复存在了。

那个人心痛不已，并由此一病不起。在临终前，他无比懊恼地对家人说："若当时我不去计较那一个斑点，现在我的手里还会握着一颗美丽的珍珠啊！"

遇事斤斤计较是一个人前进的最大障碍。计较太多，会让你的人生顾此失彼。当你遇到这些并不能决定人生前途和命运的事情的时候，不要斤斤计较，否则只会让自己痛苦不堪。不必计较的事情就不要去计较了，琐事计较太多，容易把自己的胸襟变小，眼光也会跟着变短浅。

有一句歌词叫作"计较太多人易老"，就是说，计较太多，失去得也就越多。

有位女大学生刚刚毕业就找到了一份不错的工作，这份工作她很喜欢，兼具挑战性和稳定性，长远看来也挺有发展的潜力。她十分庆幸自己的好运，和同事混熟后，更觉得工作环境和人际关系都不错。

一天，她和同事在聊天的时候，一位比她晚进公司的同事问她月薪多少，两人相比较之下，她发现自己比同事的月薪少了一千元。

"那个同事比我晚进公司，工作能力又没我强，月薪竟然比我高！真是太过分了！"她生气地说。从此上班也失去了原有的快乐心情。她有种被打败的感觉，就连原来因为尽全力达成目标时所带来的成就感和踏实感也不复存在了。那一千元夺走了她的自尊、内心平静和自给自足的快乐。所有的事情都没有改变，只因为她觉得自己比别人"少了一些"。

我们终日计较自己够不够好，够不够多，而忽视了自己内心需要的那份快乐。相反，如果我们解开了这个结，可能会过得更轻松，更自由。

计较，是麻烦的开始。一个快乐的人，不是因为他拥有很多，而是因为他计较很少。一个事事都计较的人，他失去的不仅仅是快乐，还有很多更珍贵的东西。

聪明的人，有生活智慧的人，会有所为，有所不为，只计较对自己最重要的东西，并且知道什么年龄该计较什么，不该计较什么，有取有舍，收放自如。

过分计较自己的利益会成为我们获得成功的大碍。

在猎人中流传着一种抓猴子的方法：他们在岩石上凿一个口很小的洞，里面放上猴子爱吃的花生，猴子把手伸进去，抓了满满一把花生，怎么也拿不出来，舍不得放弃那么多的花生，这时猎人就把猴子抓住了。所以，你在生活工作中也会遇到要抓什么，放什么，考虑要什么，放弃什么。如果你想什么都要，最后你什么都得不到。而且，如果你考虑的时间太长，过分犹豫不决，你又会贻误许多的机会。

在我们的生活或工作中，想要取得朋友或是同事的信任，就要诚心诚意地对待他们，在利益面前要以大局为重，遇到非原则的小事，尽管自己觉得委屈，也不要斤斤计较。

美好的生活应该是时时拥有一颗轻松自在的心，不管外界如何变化，自己都能有一片清静的天地。清净不在热闹繁杂中，更不在一颗所求太多的心中，放下挂碍，开阔心胸，心里自然清净无忧。

留“三”分余地给别人

“服务员！你过来！你过来！”一位顾客高声喊，指着面前的杯子说，“看看！你们的牛奶是坏的，把我一杯红茶都糟蹋了！”

“真对不起！”服务员一边赔着不是，一边微笑着说，“我立即给您换一下。”

新红茶很快就准备好了，碟子和杯子都跟前一杯一模一样，放着新鲜的柠檬和牛奶。服务员轻轻放在顾客前面，又轻声地说：“我是不是能建议您，如果放柠檬就不要放牛奶了,因为有的时候柠檬酸会造成牛奶结块。”

那位顾客的脸一下子红了,匆匆喝完茶,就走了。

有人笑问服务员:“明明是他的错,你为什么不直说他呢?他那么粗鲁地叫你,你为什么不还以颜色?”

“正是因为他粗鲁,所以要用婉转的方式对待,正因为道理一说就明白,所以用不着大声。”服务员说,“理不直的人,常用气壮来压人。理直的人,要用气和来交朋友!”

每个人都点头笑了,对这餐馆增加了许多的好感。往后的日子,他们每次见到这位服务员,都想到她的“理直气和”的理论,也用他们的眼睛,证明这位服务员的话有多么正确。他们常看到,那位曾经粗鲁的客人,和颜悦色,轻声细气地与服务小姐寒暄。

得理也要让三分,这就是宽容,是一种大智慧。恰如大海,正因为它极谦逊地接纳了所有的江河,才有了天下最壮观的辽阔与豪迈。像海一般宽容吧,那不是无奈,那是力量。既然如此,何不宽容,即便是与对手争锋的时候。

在人际交往中,得理不饶人是很普遍的。有些人一旦觉得自己有道理,就会揪住别人的缺点,穷追猛打,非逼对方竖起白旗不可。在生活中,如果你是一位嘴巴尖刻不肯饶人的人,那么你在与别人交谈的时候,一定要学会克制自己,不能总想在嘴巴上占尽别人的便宜,否则时间长了,别人就会逐渐疏远你。

古人云:“处事须留余地,责善切戒尽言。”物极则必反,否极而泰来。行不可至极处,至极则无路可行。言不可称绝对,称绝则无理可言。做任何事情的时候,得理也要让三分。人生一世,万不可使某一事物沿着某一固定的方向发展到极端,而应在发展过程中充分认识其各种可能性,以便有足够的条件和回旋余地采取机动的应付措施。

留有余地,就是不把事情做绝,不把事情做到极点,于情不偏激,于理不过头。这样,才会使自己得到最完美无缺的保全。

无论你是一个卓越的人，还是一个平凡的人，在处理各种事情的时候，都要给自己留些余地。不管是与谁交往，包括上司与下属之间，同事之间，千万要记住，善留余地，得理也要让三分，更不应该有气盛、挑战、蔑视之类的行为。

凡事留有余地，日后才能进退自如、收敛从容。这是处世的艺术、人生的哲学。不留余地，就像是下棋走入了僵局，即使没有输，也无法再走下去了，与此相反，凡事留有回旋的余地，才能做到进退从容。

英国17世纪著名的建筑大师克里斯托弗·雷恩爵士，他的一生中设计出了很多有名的建筑，而西敏斯特市的市政大厅就是他的不朽杰作。1688年，雷恩爵士为西敏斯特市设计了这个富丽堂皇的市政厅。当时的市长住在二楼，他不懂得建筑的原理，看了设计图之后，非常担心三楼会掉下来，压到他的办公室。

于是，他要求雷恩再加两根石柱作为支撑，加固房子的结构。雷恩很清楚市长的恐惧是杞人忧天，没有什么道理，但是他没有同市长争辩，也没有跟他解释其中的道理，而是按照市长的要求建造了两根石柱。市长为此感激万分，工程也得以顺利进行。

多年以后，人们才发现这些石柱其实根本没有顶到天花板。这位杰出的建筑师为了满足市长的要求，在他的设计中加了两个并不起作用的石柱。他没有跟市长争辩，因为他知道争辩也是没有用的，还有可能会激怒市长，使得整个建筑工程无法进行，所有的设计都前功尽弃了。实际上多出来这两根柱子并没有影响到他的设计艺术，相反，当人们看到这两根柱子没有顶到天花板的时候，明白了他的苦心，更加赞赏他了。

得理也要让人三分，只要不是原则问题，我们就没必要凡事都争个对错，比个高下，细想想其实这是根本没有任何意义的。要明白，话多无用，行动则有利得多。在雷恩的设计中，石柱只是一个摆设，但是双方都从中得到了满足，市长可以松一口气，不用担心三楼掉下来砸到自己的办公室，而后人也了解雷恩的设计是成功的，加建石柱其实并没有必要。

要知道在我们的生活中，矛盾是无时不在，无处不在的。所以说怎么解决矛盾是最关键的问题，也是让我们最难办、最头疼的事情。在我们和他人的矛盾中，有些人总是得理不饶人，非要证明自己才是对的，咄咄逼人，结果只能把事情越弄越大，越弄越僵，最后无法收场。如果我们都能懂得凡事让三分，少说几句，少争无谓的理，那么再大的矛盾也能大事化小，小事化了，最终也就会轻松解决。

得理也要让三分，这是我们正确处理人际关系的一个好方法。当我们遇到矛盾的时候，首先一定要先想想得理也要让三分的道理，然后再去解决矛盾的话就好办多了。对方本来无理，却要争个高下，占个便宜，但是我们却是得理也让人三分，这会让他一拳打空，心中一惊，等他细想起来也就不会再如此计较。

伟大的艺术家米开朗基罗在1502年的时候来到了佛罗伦萨，当时的执政官索德里尼是他的赞助人。他当时是想用一块别人认为已经无法使用的石头雕出手持弓箭的年轻大卫出来。

当他的工作进行了一段时间之后，索德里尼来到了他的工作室。索德里尼总是自以为自己是个行家，所以在仔细地“品鉴”米开朗基罗的这项作品之后，他就开始对这座雕像品头论足。他直直地立在雕像的正下方说：“米开朗基罗，你的这个作品诚然是个杰作，很了不起，但它还是有一点缺陷，就是鼻子太大了。你来看看是不是？”

米开朗基罗其实心里明白索德里尼没有鉴赏水平，而且他现在之所以得出这样的结论，只不过是他观察的角度不正确。但是米开朗基罗并没有说什么，只是拿过自己的工具，让索德里尼跟着他爬上支架。然后他就在雕像鼻子的部位轻轻敲打，边敲打边让手里事先拿好的石屑一点一点掉下去，中间还不时地询问索德里尼的意见，这样在表面上看起来他是按照索德里尼的意见在修改，其实他根本没有改动鼻子的任何地方。就这样过了几分钟之后，他才下来，问道："现在怎么样？"

索德里尼装模作样地端详了半天，得意的微笑挂在嘴边，说："我比较喜欢现在这个样子，更栩栩如生了，这才是最完美的艺术！"

在这个故事中索德里尼明显是不对，但是因为他是赞助人，米开朗基罗明白与他争辩对自己来说是没有任何意义的。假如他为了逞一时的口舌之快，就跟索德里尼争辩的话，也许最后的结果是他获得胜利，但是那有什么用呢？只会让自己失去赞助人，使自己面临资金短缺的困境，最后恐怕连这个雕塑都没有办法完成了。但是如果他完全地听取索德里尼的意见去修改自己的作品，改变雕塑鼻子的形状，那就很可能会毁了这件艺术品。因此，他想到一个好的解决办法：让索德里尼在无意中调整自己的视野——让他靠近鼻子更近一点，而不是让他意识到自己的错误。

在我们的周围，有很多这样的人：他们总想在嘴上占便宜，喜欢与人争辩，有理要争，没理也要争三分，即使是开玩笑也不肯让自己吃亏。不论国家大事，还是日常生活小事，一见对方有破绽，就死死抓住不放，一直要等到对方败下阵来，他们才心满意足。但是他们不知道，也不明白，其实得理让人三分才是更加高超的争辩之术，要知道退一步才能天高地阔，让三分才能让自己心平气和，这样对己对人都是一个不错的选择。

做多一点，受益的还是你自己

在美国，有这样一位成绩斐然的年轻人，他似乎并没有什么特殊的才能，不过他有一段传奇的经历。

“几年前，我还是一家路边简陋旅店的临时员工，根本就没有什么发展的前途可言。”他回忆道，“一个寒冷的冬天，已经很晚了，我正准备关门。进来一对上了年纪的夫妇。他们正为找不到住处发愁。不巧的是，我们店里也客满了。看到他们又困又乏的样子，我很不忍心将他们拒之门外，于是就将自己的铺位让给了他们，自己在大厅睡地铺。第二天一早，他们按价支付给我房费，我拒绝了，本来也没有什么嘛！”

那对夫妻临走前说：“你有足够的能力当一家大酒店的老板。”年轻人脸上露出憨厚的笑容。

“开始，我觉得这不过是一句客气话，然而没想到一年后，我收到了一封纽约来信，正是出自那对夫妇之手，还有一张前往纽约的机票。他们在信中告诉我，他们专门为我建了一座大酒店，邀请我经营管理。”

年轻人没有计较房费，只是这一举手之劳，让他获得了一个梦寐以求的机会。

为人处事不要太较真，不要太计较得失，多做一点对你并没有害处，也许会花掉你一些时间和精力，但是可以吸引更多的注意的事情，使你从竞争者中脱颖而出，你的老板、上司和顾客会关注你，信赖你，需要你，从而给你更多的机会，今天种下助人的种子，总有一天会结出甜美的果实，最终受益的还是你自己。

如果一个人在工作的时候能够全力以赴，不去计较眼前的那一点利益，不偷懒混日子，即使现在他的薪水十分微薄，未来也一定会有所收获。注重现实利益本身并没有错，但问题是在于有的人过分短视，而忽略了个人能力的培养，他们在现实利益和未来价值之间没有找到一个平衡点。

从前，一个牧场生活着两户人家，一家以牧羊为生，养了许多的羊，一家是猎户，靠打猎为生，所以养了很多的猎狗。这样，问题就出现了，这些猎狗经常跳过栅栏，袭击牧羊人的小羔羊。牧羊人几次请猎户把狗关好，但猎户都不以为然，口头虽然答应了，但是没过几天，他家的猎狗就又跳进牧场横冲直闯，咬伤了好几只小羊。

终于牧羊人忍无可忍了，就去找镇上的法官评理。听了他的控诉，明理的法官说："我可以处罚那个猎户，也可以发布法令让他把狗锁起来。但这样一来，你就失去了一个朋友，多了一个敌人。你是愿意和敌人作邻居呢？还是和朋友作邻居？"牧羊人想了想答道："当然是朋友了。"

于是，法官给牧羊人出了一个主意，既可以保证他的羊群不再受骚扰，而且还可以赢得一个友好的邻居。一到家，牧羊户人就按照法官说的挑选了三只最可爱的小羔羊，送给猎户的三个儿子。看到温顺又可爱的小羔羊，孩子们如获至宝，每天放学都要在院子里和小羔羊玩耍嬉戏。因为怕猎狗伤害到儿子的小羔羊，猎户就做了个大铁笼，把狗结结实实地锁了起来。

从此，牧羊人的羊群再也没有受到骚扰。猎户因为牧羊人的友好，开始送各种野味给他作为回谢。牧羊人也不时用羊奶酪回赠猎户，渐渐地两人成了好朋友。

凡事不要太较真，由于人是相互作用的，你表现出一分敌意，他就有可能还以二分，然后你则递增三分，他又会还回来六分……把敌意换成善意，你会有多么大的收获。当"冤冤相报何时了"的双负，变成为"相逢一笑泯恩仇"的双赢的时候，这就是人生最大的成功。

原谅了别人，也就解脱了自己

有一个男孩和他的同学大学毕业后一起去一家公司试用。他们是无话不谈的铁哥们。他们一起拜访了一位大客户，几乎谈成了一单大生意，已经有了合作的意向，只等第二天签合同。他和同学非常兴奋，在宿舍里喝酒庆祝。结果他喝得酩酊大醉，一直睡到第二天清晨。醒来后，发现他的同学不见了。等去了公司，他的同学趁他烂醉如泥的时候，提前签成了那单生意。当然，所有的功劳都成了同学一个人的了。

他去找他的同学算账。对方辩解说，喝完酒，心里不踏实，所以打算连夜将那个合同搞定。想和他一起去，可是叫了他半个小时，也没能把他叫醒。他当然不信，可是有什么用呢？因为那单大生意，他的同学升了职，并一直做到了部门经理。而他，在很长的一段时间里，一直是公司的一个小业务员。

他接受了事实，继续埋头苦干，一年之后也升了职。可他就是不能原谅那个同学。他和同学彻底绝交，拒绝出席一切有那个同学在的场合。他说只要看到同学那张脸，他就愤怒到极点，恨不得将那张脸踩扁。

他说，他什么都可以宽容，但就是不能够宽容卑鄙。他谁都可以原谅，就是不能够原谅这个同学。

后来，那个同学多次找到他，跟他道歉。可是他对同学的道歉总是置之不理。其实，他自己也并不快乐。尽管他也升到了部门经理，可是同在一个公司，哪怕再小心翼翼，也会见面。每到这时，他就会把头扭到一边，脸色铁青。哪怕一秒钟前他还在捧腹大笑。

他也觉得自己很难受。本来，犯错的是那个同学，要受到心灵惩罚的，也应该是那位同学。怎么到最后，难受的人竟成了他自己？并且，一直持续好几年。

而他之所以难受，是因为他有了太多的恨。如果一个人对另一个人有了仇恨，那么，他就会不快乐。多年来，他对同学的仇恨在心中被无限放大，并最终变得根深蒂固。心中被仇恨占满了，快乐放在哪里呢？原谅同学曾经的过错，其实对于他自己也是一种解脱。

后来，这个男孩最终还是试着跟那个同学交流了一下。结果，多年的积怨一扫而光，他们再次成了朋友。因为不再刻意回避那个同事，他的事业也更加顺利，并再次升了职。

原谅了别人，也解脱了自己，我们何乐而不为呢？

人与人之间原本就没有什么深仇大恨，也没有太大的利益冲突，偶尔发生的一些小摩擦是在所难免的。这个时候，就需要你用一颗仁慈的心去面对这些细小的矛盾，不计较，做到"得饶人处且饶人"，这样既原谅了别人，也解脱了自己。

人生本就是一个背负行李去旅行的过程，这需要我们在一个又一个的驿站中一次次卸去人生中旧的行李，再背起新的行李去跋涉前方的人生之路。在每一次背起行李的时候，我们都要想想自己此行的目的，放弃那些不必要的行李，不要太计较什么，让自己轻装上阵，这样我们的人生才不会沦陷于沉重和痛苦中。

有这样一位寡妇，为了抚养儿子，辛辛苦苦地教书挣钱。儿子长大成人后，又被送到美国留学。完成学业以后，儿子留在国外上班，赚钱，买房子，也在国外娶老婆生子，建立美满家庭和辉煌的事业。

母亲为此欣慰不已，盘算着退休之后，带着退休金前往美国与儿子媳妇一家人团圆。每天早晨可以到公园散步，也可以在家享受晚年含饴弄孙之乐。

于是，她在距离退休不到三个月的时候，给儿子写了一封信，告诉他她就要飞往美国和他们一家团聚。信寄出后，她一面等待儿子的回音，一面把产业、事务逐一处理。

不久，她接到儿子从美国寄来的一封回信。信一打开，有一张支票掉落下来。她捡起来一看，是一张三万美元的支票。她觉得很奇怪，儿子从来不寄钱给她，而且自己就要到美国去了，怎么还寄支票来？莫非是要给她买机票用的？她心中涌上一丝喜悦，赶紧去读信。只见信上写道："妈妈！我们经过讨论的结果，还是决定不欢迎你来美国同住。如果你认为你对我有养育之恩，以市价计算，约为两万多美金，现在，我添了些，寄上一张三万美金的支票给你，希望你以后不要再写信来打扰我们了。"

母亲的一颗心由欣喜的巅峰坠入了痛苦的谷底，自己辛辛苦苦地抚养儿子，就换来了如此的忘恩负义。她老泪纵横，只觉得一生守寡，从此老年凄凉，如风中残烛，她有些难以接受这个事实。

她心情沉重，几乎难以自拔。一天下来，她就苍老了很多，她望着红彤彤的夕阳，忽然有所感悟。她想到：自己一生劳碌，没有一天轻松的生活，而退休后，将无事一身轻，何不出去透透气？很快，她就振作起来，为自己规划一趟环游世界之旅。

在旅行中，她见到大地之美，看到各国不同的风情，于是她又寄了一封信给她的儿子。信上写道："你要我别再写信给你，那么这封信就当是以前所写的信的补充文字好了。我接到了你寄来的支票，并用这张支票规划了一次成功的世界之旅。在旅行中，我忽然觉悟。我非常感谢你，感谢你让我懂得放宽自己的胸襟，让我看到天地之大，大自然之美。"

生命之舟载不动太多的东西，所以想要使船在抵达之前不在中途搁浅或者沉没，就必须减员，只取必要的东西，不要计较这，计较那，把不该要的统统搁下，原谅别人，才能解脱自己，也只有这样我们才能成功地抵达彼岸。

不被小事所牵绊,才能拥有更大的成就

从前有个人,夜里做了个梦。在梦中,他看到一位头戴白帽、脚穿白鞋、腰佩黑剑的壮士,向他大声叱责,并向他的脸上吐口水,吓得他从梦中惊醒过来。第二天,他闷闷不乐地对朋友们说:“我自小到大从未曾受过别人的侮辱,但昨夜梦里却被人辱骂并吐了口水,我很不甘心,一定要找出这个人来,否则我将一死了之。”就这样,他每天一大早起来,便站在熙熙攘攘的十字路口处寻找梦中的敌人。几个星期过去了,他仍然找不到这个人。结果,他竟然自刎而死。

看完这个故事,也许很多人都会嘲笑主人公的愚蠢,做梦是一件极其平常的小事,做噩梦也是常有的,怎么能为此而放弃自己的生命呢?但是,生活中就是有很多的人为了小事而自恼,甚至会放弃生命。

1965年9月7日,世界台球冠军争霸赛在美国纽约举行。路易斯·福克斯的得分一路遥遥领先,只要再得几分就能稳拿冠军了。就在这个时候,他发现一只苍蝇落在了主球上,他挥手将苍蝇赶走了。可是,当他俯身击球的时候,那只苍蝇又飞回来了,他起身驱赶苍蝇,但苍蝇好像是有意跟他作对,他一回到球台,它就又飞回到主球上来,引得周围的观众哈哈大笑。

路易斯·福克斯的情绪恶劣到了极点,终于失去了理智,愤怒地用球杆去击打苍蝇,球杆碰到了主球,裁判判他击球,他因此失去了一轮机会。路易斯·福克斯方寸大乱,连连失利,而对手约翰·迪瑞则愈战愈勇,最后得到了冠军。

第二天早上，人们在河里发现了路易斯·福克斯的尸体，他投河自杀了。

一只小小的苍蝇竟然击倒了所向无敌的世界冠军！

由此，我们发现太在意、计较小事会引发多么严重的后果。在生活中，常常难免因为一些小事与别人发生摩擦，一次小的吵架也只是短短的几分钟，但是事后你却一直记挂着这件事情，不停地折磨自己，每想起一次就生气一次，认为都是别人的错，都是别人惹自己生气的，其实是我们自己不放过自己。学着大度一点，少计较一些，才会拥有开心快乐。

别为小事烦恼意味着我们对待一些委屈和难堪的遭遇，都要以健康积极的心态去化解。如果能从中得到更大的益处，不也是另一种收获吗？这不是比到处记恨别人，处处结下冤家要好得多吗？

人生是短暂的，为了小事而浪费时间、耗费自己的精力是不值得的。英国著名作家迪斯雷利曾经说过："为小事生气的人，生命是短暂的。"如果真正理解了这句话的深刻含义，就不会再为一些不值一提的小事情而生气了，也就不再在意自己身边的琐事了。

在我们的生活中，经常遇到这样的人：他们对小事斤斤计较，心里放不下一点事情，总喜欢逞一时的口舌之快，对别人不依不饶，有时甚至大骂出口，这样的人缺乏涵养，认为把对方踩在脚下，自己便会升高一级，增加自我的价值，结果慢慢地便形成了一种暴戾的习气，对人对事一味地挑剔，还自认为具有非凡的洞察力、见识过人，别人越是不搭理，他们越是得意扬扬，什么尖酸刻薄的话都不吐不快，不知道收敛。

很多人看不惯这种人的恶行，总想教训教训他们，让他们收敛。但是，反过来说，我们也花去了不少的时间和精力，有些得不偿失。

乔治是一位著名的拳王，在拳击台上，以打法凶狠、作风顽强著称，令对手望而生畏。

有一次，乔治和一位朋友驾车外出。路上，他们看见前面有一辆小货

车，背后写着一行有趣的字：禁止男士吻我！我不是同性恋。乔治说："这一定是一个很有幽默感的家伙。"正在和朋友议论，前面的小货车突然来了个急刹车。乔治大吃一惊，赶紧猛踩刹车，车子仍怪叫着滑了过去，差点儿贴上小货车。

小货车司机感觉到了后面的情况，赶紧下车查看。还好，两车各自安然无恙。既然如此，就不必麻烦警察过来处理了。但是警察不管的事情，小货车司机自己想管一管。他走过来，敲敲乔治的车窗。乔治赶紧从车里探出头来，露出讨好的笑容，连说"对不起"。司机毫不客气地说："朋友，你是一个白痴吗？难道你没看见我车上的字吗？禁止男士吻我！"

乔治友好地说："我看见了，朋友！我跟你有相同的爱好，我也不是同性恋。"

司机很不客气地说："我跟你不同，绝对不喜欢将车开到跟另一辆车相距如此近的地方。所以我说你是一个白痴。我看过你的比赛，你又蠢又笨的样子让我厌烦透顶。"接着，司机又骂骂咧咧地说了很多难听的话，足足骂了五分钟。乔治的朋友见司机骂个不休，十分恼火。他想下车理论理论，却被乔治拦住了。乔治面带微笑，饶有兴趣地听司机展示他骂人的口才。司机骂够了，这才心满意足地离开了。

乔治的朋友愤愤不平，对乔治说："那个家伙真是无理取闹。我们并没有碰坏他的车，他其实不必那么激动。"

乔治说："他只是有话要说罢了，也许并不是针对这件事。我是拳王，我想很多人会以在我屁股上踢一脚为荣。今天他在我屁股上踢了一脚，应该感到满足了。而我也没有什么不满，难道你不觉得这家伙的口才很好，听他骂人也是一种享受吗？"

朋友说："我没有享受的感觉，只是觉得气愤。你应该用你的拳头教训教训他。"

乔治幽默地说："不！这不是一个好主意！你想，假如有人侮辱了歌王卡罗素，你以为卡罗素会为他唱一首歌吗？"

在生活中,我们不能被小事情绊住前进的脚步,不要为一些没有必要的小事浪费自己的精力,面对一些人和事的时候,学会淡然一笑。凡事看得开,看得透,看得远,看得准,看得淡,才是人生的大智慧。我们要时刻保持着一种超然淡泊而又洞若观火的心境,身边的小事随它去,不被小事所牵绊,才能拥有更大的成就。

处理好大事、小事和琐事之间的关系

有一次,卡耐基主持关于怎么样区分大事与小事关系的演讲会。面对着诸多的听众,他从演讲桌底下拿出一个玻璃瓶,放在桌上盛满如拳头大小石块的浅盘旁边,说道:"让我们做一个小小的实验,你们认为这个瓶子能盛多少石块呢?"

人们做出各种猜测之后,他说:"好吧,让我们找出答案。"

他把石块一个又一个地放入瓶子之中,谁也记不清他总共放了多少石块,总之,最后瓶子装满了。这时候他问:"装满了吗?"

人们看着瓶子说:"是的,装满了。"

他说:"是吗?但我还能装进去东西。"

他说着又从桌子下面拿出一些小的卵石,然后把小卵石放入瓶口中,摇晃了一下瓶子,让小卵石进入石块之间的缝隙中。这时候他笑了笑,再次问大家:"装满了吗?"

这时,人们似乎明白了他想要说明的,于是都说道:"可能还没有装满。"

他回答说:"很好!"说着从桌子底下又拿出一盆沙子,他开始倒沙子,沙子进入石块和卵石的缝隙。他又一次问道:“现在装满了吗?”

人们叫道:“没有!”

他又说:“好极了。”接着从桌子下面拿出一大罐水,向里面倾倒,大约倒进了一升水,然后问道:“好了,你们从中领悟到了什么?”

人们说:“时间是有缝隙的,只要你努力,总能在生活中挤出更多的时间,插入更多的事情。”

卡耐基却说道:“不,最主要的并不是这里,要点是:如果你不将最大的石块先放进去,那么你还能把所有其他的都放进去吗?”

这个故事说明在生活中做一切事情的时候,必须首先分清什么是大事、小事和琐事。大事好比是石块,小事如同卵石,而琐事就是沙子和水,如果先将卵石、沙子和水放进瓶子中,那大石块必然会被拒之瓶外。

世界上的事情常常是千变万化的,当我们去处理某些事情的时候,一定要分清孰重孰轻。要知道,虽然在现实的生活中,衣食住行柴米油盐这些日常琐事构成了我们生活的基本需求,在很多的时候,这些都非常重要。但是,如果我们要去做一件大事的时候,是一定不能被这些琐事所牵制、耽搁的,不然就得不偿失了。

哈斯从小长在乡下,是一个家庭观念很重的人,为了使家庭生活过得更好,他用了一年的时间在城里学到了做厨师的手艺,但因为当时没有找到合适的工作,只好又回到了乡下。

有一天,一位城里的朋友给他捎来口信,说城里的一家大酒店正在高薪聘请一名厨师,要他马上赶去报名应聘。但此时此刻的哈斯却在家忙得不可开交:地里的庄稼还没有收完,树上的果实还没有收获。几头牛越冬的草料还没有备足,等等。

于是他不分日夜地苦干了三天,将这些事情全部做完了,才匆匆忙忙地赶到城里。可惜为时已晚,那家酒店已经聘用到了其他的厨师,他只好又回到了乡下。

几乎是整整一个冬天，哈斯都是怀着极大的心理压力待在家里，为这次坐失良机而懊恼不已。

由此，我们懂得，在生活中，人人都会面临无穷无尽的琐事，这些琐事组成了我们的人生，但是我们在处理事情的时候，一定要处理好大事、小事和琐事之间的关系，一旦处理不好，可能就会毁了自己的生活。

第十五章

生气，是拿别人的错误来惩罚自己

善待自己，拥有平和的心态

每个人都有自己的个性和脾气，生气是正常现象。但是要看为什么事情而生气，如果是不必要的事情就不值得了。可以控制的时候，你生气的话就如同在木板上钉钉子，当你心情变好把钉子拿下来的时候，木板上的痕迹是不会消失的。所以不管做任何事情都要想一想是不是值得。要知道，冲动是魔鬼！

其实仔细想想，很多的时候让我们生气的都不是什么大事，全都是一些鸡毛蒜皮的小事。例如，爱人出门忘记了锁门，孩子早上上学的时候起晚了，同事说了一句有伤你自尊的话。诸如此类的事情常常让我们大动肝火。但是，我们应该好好想一想,为了这些琐碎的小事我们就大发雷霆,让自己和他人都受到伤害,值得吗?也许在当时的环境下,我们根本就不会想到这些问题,但是,事情过去之后,我们是不是应该反思一下?

有一个小男孩,他的脾气很坏,有一天,他的爸爸给了他一袋子钉子,告诉他,每次发脾气或者跟人吵架的时候,就在院子的篱笆上钉一根。第一天,男孩钉了三十七根钉子。后来他学会了控制自己的脾气,实际上比钉钉子要容易得多。终于有一天,他一根钉子都没有钉,他高兴地把这件事告诉了爸爸。爸爸说:"从今以后,如果你一天没有发脾气,就可以在这天拔掉一根钉子。"

日子一天一天过去,最后,钉子全被拔光了。爸爸带他来到篱笆边上,对他说:"儿子,你做得好,可是看看篱笆上的钉子洞,这些洞永远也不可能恢复了。就像你和一个人吵架,说了些难听的话,你就在他心里留下了一个伤口,像这个钉子洞一样。"

人都有七情六欲,而怒气就是我们常说的七情中的一种情绪表现,或者说对周围的人和事情的反应。但是,发怒是最容易导致判断失误的。当怒火燃烧的时候,我们的心跳也会加剧,即使重要的事情也会搁浅,待到平静下来后,往往又会改变先前的看法。可见,人在冲动的时候,是情绪在指挥说话的,不是我们自己。

记得看过这样一个笑话:妻子问丈夫为什么从不生气,丈夫答道:"生气?跟谁?跟你,我敢吗?跟孩子,我忍心吗?跟别人,我犯得上吗?"

这个笑话告诉我们,生气是一件费神费力、自讨苦吃的事情,它对人的身体有害无利,还破坏原本和谐的人际关系。所以说,不到万不得已,千万不要生气。

所以一定要记住心量要大,自我要小。要知道,生活在这个世界上,我们每天面对形形色色的人群和各种各样的事情,如果每一件小事我们都暴跳如雷的话,那么日子就过不下去了。

林肯说过，大部分的人只要下定决心，就能获得快乐。人的一生是短暂的，不要因为一些微不足道的小事情而烦恼，要学会快乐地生活，要想得透，看得开，千万不要和自己过不去。

赫克斯在一家夜总会里吹萨克斯，收入不高，却总是乐呵呵的，对什么事情都表现出乐观的态度。他常说："太阳落了，还会升起来，太阳升起来，也会落下去，这就是生活。"

赫克斯很爱车，但是凭他的收入想买车是不可能的。与朋友在一起的时候，他总是说："要是有一部车该多好！"眼中充满了无限向往。有人逗他说："你去买彩票啊，中了奖就有车了！"

于是他真的买了两块钱的彩票。可能是上天真的优待于他，赫克斯凭着两美元的一张体育彩票，真的中了大奖。

赫克斯终于如愿以偿，他用奖金买了一辆车，整天开着车兜风，夜总会也去得少了，人们经常看见他吹着口哨在林荫道上行驶，车也总是擦得一尘不染。

然而有一天，赫克斯把车停在楼下，半小时后下楼时，发现车被盗了。朋友们得知消息，想到他那么爱车如命，几万块钱买的车眨眼工夫就没了，都担心他受不了这个打击，便相约来安慰他："赫克斯，车丢了，你千万不要太悲伤啊！"赫克斯大笑起来，说道："嘿，我为什么要悲伤啊？"朋友们疑惑地互相望着。"如果你们谁不小心丢了两块钱，会悲伤吗？"赫克斯接着说。"当然不会！"有人说。"是啊，我丢的就是两块钱啊！"赫克斯笑道。

我们要学会善待自己，要拥有平和的心态，这样我们才能拥有快乐的生活。其实，那些困扰我们的糟糕情绪与其说是来自于外界的人、事、物，不如说是来自于我们的内心。我们应该学会及时地化解内心的火气，调整自己的心态。每个人的内心都潜藏着使自己成功快乐的能力，我们要去开发使自己快乐的潜能，善待自己，消除困扰，培养起成功快乐的心态。

有这样一位老先生,他得了一种怪病,头痛、背痛、茶饭无味、精神萎靡不振,他吃了很多的药,也不起作用。这天听说医院来了一位著名的中医,他就去看病。名医询问一番后,给他开了一张方子,让老先生去按方抓药。老先生来到药铺,给卖药的师傅递上方子。师傅接过去一看,哈哈大笑,说这方子是治妇科病的,名医犯糊涂了吧?老先生赶忙去找医生,结果那位医生却出门了,说要一个多月才能回来。老先生只好揣起方子回家。回家路上,他想只有糊涂医生才能开糊涂方子,自己怎么可能得了妇女病呢?越想这事儿越好笑,终于禁不住哈哈大笑起来。

这以后,每当想起这件事情,老先生就忍不住要笑,他把这事说给家人和朋友,大家也都忍不住乐。一个月后,老先生找医生,笑呵呵地告诉他方子开错了。医生此时笑着说,这是他故意开错的。老先生是肝气郁结引起的精神抑郁及其他病症,笑则是他给老先生开的"特效方"。老先生这才恍然大悟,这一个月,老先生光顾笑了,什么药也没吃,身体却好了。

快乐是来自我们的心灵和身体。我们快乐的时候,可以想得更好,干得更好,就会更成功、更健康。快乐是一种态度,快乐可以选择。你用什么样的态度对待你的人生,生活就会以什么样的态度来对待你。你消极,生活便会暗淡。你积极向上,生活就会给你许多快乐,你也会因快乐更加健康。

记得以前看到过这样一段话:

人生就像一场戏,因为有缘才相聚。

相扶到老不容易,是否更该去珍惜。

为了小事发脾气,回头想想又何必。

我若气死谁如意,况且伤神又费力。

邻居亲朋不要比,儿孙琐事由他去。

吃苦享乐在一起,神仙羡慕好伴侣。

一个人若是整天处在不良的情绪之中,生命便消磨得很快。情绪可以使一个人获得成功,也可以毁灭一个人的一生。因此,要培养好心情,用乐观的心态去对待生活，认清坏心情的背后一定有不少垃圾思想和消极情绪，要把它们统统扫地出门。

所以说，不要生气，不要发怒，人生短短数十载，拥有平和的心态，让快乐如影随形才是正道。

愚蠢的人只会生气，聪明的人懂得争气

在如今的社会上，世态炎凉，人情冷暖，常让我们无所适从。他人的指桑骂槐，故意刁难，又会让我们心生闷气。这时，若是一意孤行，不仅会前功尽弃，功败垂成，甚至还有可能输掉自己。这样的结果必然会让那些居心叵测的人当作笑柄。其实，处世的智慧就在于你能不能适时地咽下一口气，避开无谓的纷争，避免意外的伤害，不去做无谓的坚持。这样就会更好地保全自己，发展自己，成全自己。

某人由于年轻气盛，无意中得罪了经理。于是，在以后的日子里，经理总是找碴跟他过不去。他真想一走了之，但转念一想，这是一家很有名气的广告公司，自己完全可以从中源源不断地“充电”。于是，他坚持留了下来，整理好乱糟糟的心情，用兢兢业业的工作来为自己疗伤。一笔又一笔的业务，增添了他的信心，也让他积攒下了很多经验和财富。

生气不如争气，发火不如发奋。人生会遇到各种各样的气，如闲气、闷气、怨气、怒气、傲气、泄气、赌气、窝囊气，这些气，你吞下便会反胃，你不理它，它

便会消散。如果我们用志气、勇气、朝气、和气、才气、运气、福气来化解和取代这些消极的气，化生气为争气，必定能收获一个满意的人生。

弟子问："师父，怎样才能控制情绪，遇事不生气呢？"师父答："深信因果，则不生迷惑，一切恩怨皆因果所致，无迷则无嗔。生气，就好像自己喝毒药而指望别人痛苦。——不生气者，无人可敌。"

愚蠢的人只会生气，聪明的人懂得争气。生气不如争气。人生有顺境也有逆境，不可能处处是逆境。人生有巅峰也有低谷，不可能处处是低谷。因为顺境或巅峰而趾高气扬，因为逆境或低谷而垂头丧气，都是浅薄的人生。真正的人生需要磨炼，面对挫折，如果只是一味地抱怨、生气，那么你注定永远是个弱者。

在我们生活的这个社会上，每个人都希望自己能得到他人的重视、尊重和欢迎。但是有的时候难免会被人嘲弄、受人侮辱、被人排挤。生活在给了我们快乐的同时，也给了我们伤痛的体验。所以，这才叫生活，是我们必须要面对的真实的人生。在我们的人生之中，有的人能够坦然面对，并化痛苦为向上的动力，但是有的人则是火上心头，沮丧不前，怨天尤人。其实，在很多的时候你大可不必生气，与其生气不如争气，去做得更好。在人格上，在知识上，在智慧上，使自己加倍成才，让自己变得强大，那么很多的问题就会迎刃而解了。

春风得意不会是一生一世,
落魄失意也不过是一时一刻

有个易怒的男人向一位大师寻求解决之道。大师把他锁在一个漆黑的柴房里就离开了,男人顿时咒骂起来,但大师不理不睬。男人继而开始哀求,大师仍然置若罔闻。最后,男人安静下来。大师来到门外,问他:“你还生气吗?”男人说:“我只恨自己怎么会到这地方受罪。”“连自己都不原谅的人怎么能心如止水?”大师拂袖而去。一会儿,大师又来问男人:“还生气吗?”“气也没办法呀!”男人说。“你的气还压在心里。”大师又离开了。大师第三次来到门前,男人告诉他:“我不生气了,因为不值得气。”“还知道值得不值得,可见心中还有气根。”大师笑道。当大师又来时,男人问道:“什么是气?”大师打开房门。男人终于恍然大悟。

愤怒不是武器,却能伤人。每一次愤怒,都不要认为不痛不痒。每一次愤怒,都不要看作无关紧要。愤怒是你的权利,它的爆发与疏导完全掌握在你的手里,你可以让它燃烧七月的骄阳,你也可以让它温暖腊月的冰霜。愤怒如大海深处的可燃冰,需要我们去珍惜,去抚慰,而不是乱取滥用。

当我们处在不能改变的不如意的时候,我们要学会释怀,并且从不如意中发掘新的道路,随遇而安。这样我们才能得到快乐安宁。

有个人坐车回家。车到口途,忽然抛锚。那时正是夏天,午后的天气,非常闷热。车子无法继续前进,车上的乘客都很着急,只好站在烈日之下抱怨。这人一看现在这样的情形,知道急也没用,车子修不好谁也走不了。于是,他询

问了司机,知道要三四个小时才能修好,就独自步行到附近的海边游泳去了。

海边清静凉爽,风景宜人,在海水中畅游之后,暑气全消。等他游泳尽兴回来的时候,车子也已经修好待发,趁着黄昏晚风,直驶回家。之后,他逢人便说:“那真是一次愉快的旅行啊!”虽然回去晚了一点,但却让他有时间去游泳,他的心情也很愉快。

同样的事情换一个角度看就可以使我们精神愉悦。控制自己的情绪,释放潜在的怒气或许不像想象中那么难,只要一点点阿Q精神胜利法,生活就可以更美好。

人生之路是漫长的,在这个过程中会有很多种境遇,面临什么样的境遇就要用什么样的态度去对待。贫穷的时候一定不能让心也贫穷。富足的时候,也不要忘了生活来之不易。经历苦难的时候,告诉自己苦难是人生难得的一笔财富。得到幸福的时候,要懂得给予别人幸福。春风得意不会是一生一世,落魄失意也不过是一时一刻。

作为一个人,无论生命中出现了什么,都要欣然接受。因为即使哭丧着脸,一样要跨过路上的沟沟坎坎,一样要经历人生的风风雨雨。那么为什么不学会释怀呢?学会微笑着面对生活。要知道人生就像一碗汤,是咸是淡要看自己往碗里撒多少的盐,就算不可以选择命运,至少可以选择自己的心情。

只要我们学会释怀,懂得随遇而安,知足常乐,那么无论有何种变化我们都能入乡随俗,随方就圆。

遇上别人级别高、条件好及待遇优厚的时候不眼红。遇见飞扬跋扈者能进能退,会斗争也会保护自己。遇上喜欢争风吃醋爱占便宜的人,则能常常尽量容忍,谦让他人。遇上种种不良风气而个人的力量又一时纠正不过来的时候能适可而止,必要的时候也会睁一只眼闭一只眼。这样的人,眼光远大,胸怀宽广,能够把时间的一切变化都看得很平常,很从容,那么快乐也就会如影随形。

痛就痛了，没必要自己再撒把盐

海纳百川，有容乃大。人一旦被仇恨的心理所包围，既伤人又伤己，我们在为人处世的过程中要保持平和的心态，信奉“大度能容，宽厚为本”的宗旨，促进人与人之间的关系顺利进展。

二战期间，一支部队在森林中与敌军相遇，激战后两名战士与部队失去了联系。

这两名战士来自同一个小镇。两个人在森林中艰难跋涉，他们互相鼓励，互相安慰，半个月的时间过去了，依旧没有与部队联系上。有一天，他们打死了一只鹿，依靠鹿肉又艰难度过了几天。也许是战争使动物四散奔跑或被杀光，这以后他们再也没有看到过任何动物，他们仅剩下一点鹿肉，背在较年轻战士的身上。

有一天，他们在森林中又一次与敌人相遇，经过一次激战，他们巧妙地避开了敌人。就在自以为已经安全的时候，只听见一声枪响，走在前面的年轻战士中了一枪，幸亏伤在肩膀上。后面的士兵惶恐地跑了过来，他害怕得语无伦次，抱着战友的身体泪流不止，并赶快把自己的衬衣撕下来包扎伤口。

晚上，未受伤的士兵一直念叨着母亲的名字，两眼直勾勾的，他们都以为熬不过这一关了。虽然饥饿难忍，但他们谁也没动身边的鹿肉。第二天，部队救出了他们。

事隔三十年，那位受伤的战士说：“我知道谁开的那一枪，他就是我的战友。当他抱住我的时候，我碰到他发热的枪管。我怎么也不明白，他为什么对我开枪?但当晚我就宽恕他了。我知道他想独吞我背着的鹿肉,我也知道他想为了他的母亲而活下去。此后三十年,我假装根本不知道此事,也从不提及。战争太残酷了,他母亲还是没有等到他回来就去世了。我和他一起祭奠了老人家。那一天,他跪下来,请求我原谅他,我没让他说下去。我们又做了几十年的朋友,我宽恕了他。"

人生在世,伤害在所难免,这是任谁都无法改变的事实。当然,我们会因为受伤而感到愤怒是无可厚非的,我们无法原谅伤害自己的人也是可以理解的,但是不原谅也是一把双刃剑,可以伤人也会伤己。如果一直都不能原谅一个人或一件事,那么自己内心的伤口是永远无法愈合的。如果我们从另外一个角度,用一种豁达的心态来对待它,就可以将这种不公正当作对成功者的一种考验。

大度能容,宽厚待人。不单单可以促进人际关系,还可以帮助人们树立自身形象,给他人留下个好印象,从而提升自己的人气。当然,大度与宽容都要建立在一定的基础之上。这要求我们在社交活动中,必须摈弃个人私欲,不能被自私自利的想法控制了思维,为个人的一己之利与他人争得面红耳赤,达不到自己的心愿就不停地抱怨,这样会使自己的人际关系越来越糟,有碍于自己事业的发展。

在待人接物中,度量的大小将直接影响到人与人之间的关系能否顺利进展。天下没有完人,即使智者也会有犯错误的时候。因此,你不应该因为别人的一次过失就看不起他,甚至在内心将其置于一种"永不超生"的境地。在别人犯了错误,尤其是涉及你的利益的时候,能否用一种宽容的态度来对待,是衡量一个人素质高低的标准。宽容别人的错误,使其有更多改正的机会,你也会因此变得更加充实。当然,你也不应该因为自己一次失误或失败,便内疚不堪,自怨自责。人都是会犯错误的,只要能够从错误中吸取教训,及时加以改正,这也算是一种幸事。

塞翁失马，焉知非福

生活中有些侮辱可能是别人无意中附加给我们的。可能有些时候，我们所受的侮辱来自和我们敌对的一方，来自于那些准备冷眼旁观我们身陷窘境如何自处的敌人。这就需要我们充分利用自己的智慧，低调处之。不和他人斗气，才能保持清醒的头脑。

世界上最著名的科技咨询公司之一利特尔公司的前身，是其创始人利特尔于1886年建立的一个小小的化学实验室。

1921年的一天，在许多企业家参加的一次集会上，一位大亨高谈阔论，否定科学的作用。而一向崇拜科学的利特尔平静地向这位大亨解释科学对企业生产的重要作用。

这位大亨听后，不屑一顾，还嘲讽了利特尔一番，最后他挑衅地说："我的钱太多了，现有的钱袋已经不够用了，想找猪耳朵做的丝钱袋来装。或许你的科学能帮个忙，如果做成这样的钱袋，大家都会把你当科学家的。"说完，哈哈大笑。聪明的利特尔气得嘴唇直抖，本来想发作一番，但还是抑制住情绪，表面上非常谦虚地说："谢谢你的指点。"因为利特尔感到这是一个千载难逢的大好机会。其后的一段时间内，市场上的猪耳朵被利特尔公司暗中搜购一空。购回的猪耳朵被利特尔公司的化学家分解成胶质和纤维组织，然后又把这些物质制成可纺纤维，再纺成丝线，并染上各种不同美丽颜色，最后纺织成五光十色的丝钱袋。这种钱袋投放市场后，顿时被一抢而空。利特尔公司因此名声大振。

面对挑衅,利特尔忍受轻蔑,“虚心”接受指点。不大吵大闹、争执强辩,也不义正词严地加以驳斥,他不露声色,暗中准备,将猪耳朵制成丝钱袋,从而一举成名。

利特尔成功起家的故事告诉我们:面对侮辱,与其出言反驳,不如不和他人斗无谓之气,用实际行动证明自己的能力。

人与人的交往中,总免不了产生矛盾和摩擦,若为一事争执起来,互不退让,实在是又费时又费力,于人于己都没有一点好处。

清代乾隆时期有一位“缎子王”,他是东华绸缎铺的老板。他经营有方,懂得低调做人,得到了乾隆的赏识。缎子王几乎垄断了北京的绸缎批发业务,他可以直接与内务府大臣往来,生意越做越大。

缎子王善于交际,不过百密还有一疏。内务府中的一位郎中对缎子王的暴富不满,想设法整一整缎子王。有一次,缎子王代内务府采办了二百箱缎子,该郎中使用调包计,诬陷缎子王采办的二百箱缎子中,有五十余箱是已经腐朽变质的老缎子。缎子王面对内务府官员的诬陷,既不声辩,也不要求开箱检查,而是默默地将这五十余箱缎子收回,折合银子价值几十万两。后来,缎子王想挽回一些损失,就把这五十多箱老缎子打开检查,发现这五十多箱缎子是明朝魏忠贤的财物。魏忠贤自缢后,财产被朝廷抄收。箱子经两朝转手多次,均无人查看过箱内所装的东西。当时各级官员进给魏忠贤的每匹绸缎里,都卷有金叶。虽然时过百年,绸缎已然老化,金子却丝毫无损,缎子王因祸得福,发了大财。

这个故事告诉我们,塞翁失马,焉知非福。有时候也许你不生气,不去争论,宽容地对待你的敌人,就会有意想不到的收获。

不会生气的是笨蛋,而不去生气的人才是聪明人。用开阔的胸襟与兼容并蓄的雅量,宽容与自己不同甚至相反的意见。这样才不会给自己制造对手和敌人。要知道,多一个敌人不如多一个朋友。

有这样一位农人，新买了一处农庄。这一天，他正沿着农庄的边界走着，遇到了邻居。

“慢着，你先别走。”邻居说道，“在你买进这块地时，你同时买到了我对你的起诉，你的篱笆越过了我的界限三米。”

这位新主人微笑着说：“我本来以为可以在这里找到些和气的邻居，我也希望自己是个和气的邻居。你可要帮我的忙，将篱笆移到你指定的地点，费用由我来付。”

那道篱笆始终不曾移动过，作为仇敌的人也变了，以后这位挑衅者成了一位友善的好邻居。这便是以宽容求和气的做人之道。

莎士比亚说过，不要因为你的敌人而燃起怒火，热得烧伤了你自己。也许我们都做不到像圣人那样无私地对待自己的敌人，但是我们应该学会原谅他们，淡忘他们。这样，不仅我们自己能过得舒心，还可能收获意想不到的事情。

一位住在山中茅屋修行的禅师，有一天趁着夜色到林中散步，在皎洁的月光下，他看到自己的茅屋遭小偷光顾，找不到任何财物的小偷离开的时候在门口遇见了禅师。原来，禅师怕惊动了小偷，一直站在门口等待，他知道小偷一定找不到任何值钱的东西，早就把自己的外衣脱掉拿在手上。小偷遇见禅师，正感到惊愕的时候，禅师说：“你走那么老远的山路来探望我，总不能让你空手而归啊！夜凉了，你带着这件衣服走吧！”

说着，就把衣服披在了小偷身上，小偷不知所措，低着头溜走了。

禅师看着小偷的背影穿过明亮的月亮，消失在山林之中，不禁感慨地说：“可怜的人啊，但愿我能送一轮明月给他。”

禅师送走了小偷之后，回到茅屋赤身打坐。他看着窗外的明月，进入梦境。

第二天，在阳光温暖的抚摸之下，禅师睁开了眼睛。看到自己昨天披在小偷身上的外衣被整齐地叠好，放在门口，禅师非常高兴，喃喃地说："我终于送了他一轮明月。"

这位禅师表现出来的慈悲心，感化了小偷的灵魂。

做人就应该敞开心胸，不生气，不报复，要知道，生气和报复伤害得最深的是自己。在生活中我们应该学会乐观处世，不争那无谓之气。学会原谅，学会付出，付出我们的真心和宽容，才能成就快乐的自己。

第十六章

虚荣有度，别让面子害了你

了解自己所需要的，珍惜自己所拥有的

培根说过，虚荣的人为智者所轻蔑，愚者所叹服，阿谀者所崇拜，而不为自己的虚荣所奴役。

第二次世界大战期间，美军与日军在依洛吉岛展开了激战，最后日军被打败，美军把胜利的旗帜插在了岛上的主峰。心情激动的陆战队员们在欢呼声中把那面胜利的旗帜撕成碎片分给大家，以作纪念。这是一个十分有意义的场面，后赶来的记者打算把它拍下来，就找来六名战士重新演出这一幕。其中有一个战士叫海斯，是一个在战斗中表现极为普通的人，可是就因为这张

照片的作用,使他成了英雄,在国内得到了一个又一个的荣誉,他的形象也开始印在邮票、香皂等上面,他的家乡也为他塑了雕像。这时他的内心是极为矛盾的。一方面陶醉在赞扬中,一方面又害怕真相被揭露,同时,由于自己名不副实,又总是处在一种内疚、自愧之中。在这样的心理状态下,他每天只好用酒来麻醉自己。终于,在一天夜里,他穿好军装,悄悄地离开了对他充满赞誉的人世。

虚荣心可以有,但是我们从上面的故事里可以看到,虚荣心还是要有度的,有一点虚荣,并不可怕,也可避免。但是如果不注意这个度,使虚荣心膨胀,那就会害了自己。

虚荣心是对荣誉的一种过分追求,是道德责任感在个人心理上的一种畸形反映,是一种不良的心理品质,其本质是利己主义的情感反映。每个人都知道不应贪恋虚荣,然而身处灿烂缤纷的花花世界,又有谁能真正抵御虚荣心的作祟,不为虚荣埋单呢?

男人和女人,各有各的虚荣,只不过略有差异。

男人渴望名声、名利的炫耀,女人追求姣好的面容、玲珑有致的身材曲线、优越的生活环境等物质方面的。女人的虚荣往往是表面的,一个钻戒、一束鲜花、经常的问候就可以让她兴奋不已,无比自豪;男人的虚荣是实质性的,谁的权力大,谁的工作业绩突出,他们更注重实际的利益。

其实这些也都不是什么十恶不赦的事情,人类假如没有了虚荣心,恐怕也就缺少了一些动力。只是虚荣心要有一个度,超出了这个度,就成了虚荣的奴隶,那就会使别人讨厌,甚至成为作恶的根源。

所以一定要控制好虚荣心的这个度,了解自己所需要的,珍惜自己所拥有的。淡泊名利,净化心志,方能活得轻松快乐。

面子有时候真没那么重要

某个村子里有一个年纪很大的单身汉，一直穷得叮当响。可是有一年的春节过后，这个单身汉忽然阔绰起来，他家里天天都有诱人的肉香飘散在村子上空。他不招摇，也不张扬，一改往日端着碗清汤寡水的白稀饭蹲在门口喝的习惯，一个人在家里悄悄吃过饭，便油着嘴到地里去干活。

有一天，一个好事者趁他在家悄悄吃饭的时候，出其不意地就闯了去，看见这个单身汉正在用一片腊肉抹嘴，后来这件事便成了附近好几个村子的村民的谈资，闹了好久。都怪那个好事者，说他搅了单身汉的婚事，原来，单身汉看上了一个寡妇，想用这种方式把自己的面子给撑起来，造成以前是假穷的假象，可没想到给这个好事者搅得事情还没说就黄了。

虚荣的面子，是许多人的精神支柱，不管任何时候面子是最重要的，以至于他觉得肚子饿着都是小事。打肿脸充胖子说的就是他这种人，死要面子活受罪。

在一个村庄，村里的人共同偷得一头牦牛，并且把它宰杀吃掉了。

那个丢牛的人根据线索寻到这个村庄上来，见到了那些村民，问他们说："我的牦牛是不是在你们的村庄上？"

偷牛的村人回答说："我们并没有村庄。"

丢牛的人又问："池塘边不是有一株树吗？"

他们回答说："并没有树。"

丢牛的人于是再问:“你们偷牛,是不是在村庄的东边?”

他们仍旧回答说:“并没有东边。”

丢牛的人又问:“你们偷牛的时候,不是刚刚正午吗?”

他们还是回答说:“并没有正午。”

最后,丢牛的人就说:“依照你们所说,没有村庄,没有池塘,没有树,或者还可以说得通。可是天底下哪里会没有东边,没有正午呢?因此,我知道你们说的都是谎话,不可相信。牛一定是你们偷吃了,是不是?”

这个故事实质上就是说这是虚荣心在作怪。死要面子,自己做错了事情,死不承认,而且为了保持颜面,还要遮掩、狡辩,推卸责任。不肯认错,一直错到底。虚荣会开花,但不会结果。如果不能依照自己的“本来面目”去生活,无疑就是否定自己而导致生活的崩溃及精神上的困扰与烦恼。

莎士比亚说过,爱好虚荣的人,用一件华丽的外衣遮掩着一件丑陋的内衣。但是虚荣对自己本身却没有任何的益处,甚至说是有害处的,所以,不要死要面子了,这样只会害了自己。

在我们的周围,有很多这样的人:本来没有实力与他人比阔,然而为了死要面子,节衣缩食,勒紧裤腰带;在众人聚会的时候违心地充大方争抢着付账单,尔后看着自己瘪下去的荷包心疼;分明没有那么高的文化,却死要面子,做出一副学富五车、满腹经纶的样子,不懂装懂。而且这些死要面子的人,即使被人当面揭穿也要死撑到底,甚至对不给自己面子或者威胁到自己面子的人采取报复性的态度,用这样的方式来维护自己的面子。但是当你极力保护自己的面子的时候,你可能早就没面子了。

有一个笑话是讽刺这些人的:民国初年,一个曾经风光而今落魄的人,整日泡在酒肆里跟人吹嘘他是如何养尊处优、锦衣玉食的。

一天,他一边吹牛一边津津有味地啃着一个芝麻烧饼。烧饼吃完了,一些芝麻不小心掉在柜台上。他正思忖着该怎样把这些芝麻纳入口中而又不招人笑话，一个衣冠不整的姑娘跑进来，原来是他的女儿。他忙端起架子斥责女儿："慌慌张张的干什么？怎么不打扮整齐再出门？"

姑娘很惊讶地望着他说："爸爸，咱家值钱的东西都当光了，我哪有体面的衣服穿啊？我妈让你赶紧回家，她要出门没裤子，让你把裤子借她穿一会儿！"那人一听面红耳赤，深觉丢了面子，随手给了女儿一个巴掌，怒道："小孩子家家说什么疯话？"女儿被这突如其来的情景给吓哭了，委屈地正要解释，那人见势不妙，想溜却没忘刚刚掉落在柜台上的几粒芝麻，便急中生智，一拍柜台，"还不快随我回家去？"借拍柜台之机将几粒芝麻粘在手掌上偷偷吃了下去。

死要面子让这个人做到了这个份上，真是让人哭笑不得。虽然说：人活一张脸，树活一张皮。但是事情的发展都是有一个度的，像他这样的生活，岂是一个累字能说完的，而且也没有任何的幸福快乐可言。

如果少要一点面子，不那么虚荣，用平常心来生活，那么生活就会轻松快乐很多。因此，为了生活的更加美好，为了自己可以开怀大笑，把那些面子统统扔到爪哇岛去吧！

名利只是昙花一现

很久很久以前，有一个国家，国王的皇妃们为他生了一大群王子，而他最宠爱的妃子为他生了一位公主。因此国王非常疼爱小公主，视如掌上明珠，舍不得稍加训责。凡是公主所要求的东西，国王从来不会拒绝，就是天上的星星，国王也恨不得为公主摘下来。

公主在国王的呵护纵容下，慢慢成长为亭亭玉立的少女，渐渐懂得了装扮自己。有一天，春雨初霁的午后，公主带着婢女徜徉于宫中花园，只见树枝上的花朵上挂着几滴雨珠，显得愈发的娇艳；蓊郁的树木，翠绿得逼人眼。公主正在欣赏雨后的景致，忽然目光被荷花池中的奇观所吸引住了。原来池水热气经过蒸发，正冒出一颗颗状如珍珠的水泡，浑圆晶莹，闪耀夺目。公主看得入神，突发异想："如果把这些水泡串成花环，戴在头发上，一定美丽极了！"打定主意，于是叫婢女把水泡捞上来，但是婢女的手刚一触及水泡，水泡便无影。折腾了半天，公主在池边等得愤愤不悦，婢女在池里捞得心急如焚。公主终于气愤难忍，一怒之下便跑回宫中，把国王拉到了池畔，对着一池闪闪发光的水泡说："父王！你一向是最疼爱我的，我要什么东西，你都依着我。女儿想要把池里的水泡串成花环，作为装饰，你说好不好？"

"傻孩子！水泡虽然好看，终究是虚幻不实的东西，怎么可能做成花环呢？父王另外给你找些珍珠水晶，一定比水泡还要美丽！"国王无限怜爱地看着女儿。

"不要！不要！我只要水泡花环，我不要什么珍珠水晶。如果你不给我，我就不想活了。"公主哭闹着。

束手无策的国王只好把朝中的大臣们集合于花园，忧心忡忡地商议道："各位大臣们！你们号称是本国的奇工巧匠，你们之中如果有人能够以奇异的技艺，用池中的水泡为公主编织美丽的花环，我便重重奖赏。"

"报告陛下！水泡触摸即破，怎么能够拿来做花环呢？"大臣们面面相觑，不知如何是好。

"哼！这么简单的事，你们都无法办到，我平日如何善待你们？如果无法满足我女儿的心愿，你们统统提头来见。"国王盛怒地呵斥道。

"国王请息怒，我有办法替公主做成花环。只是老臣我老眼昏花，实在分不清楚水池中的水泡，哪一颗比较均匀圆满，能否请公主亲自挑选，交给我来编串。"一位须发斑白的大臣神情笃定地打圆场。

公主听了，弯起腰身，认真地舀取自己中意的水泡。本来光彩闪烁的水泡，经公主轻轻一触摸，霎时破灭，变为泡影。捞了老半天，公主一颗水泡也拿不起来，睿智的大臣于是慈蔼地对一脸沮丧的公主说："水泡本来就是生灭无常，不能常住久留的东西，如果把人生的希望建立在这种虚假不实、瞬间即逝的现象上，到头来必然空无所得。"

要知道公主所追求的只是一种表面的光彩，那是不真实的，虚幻的，昙花一现的，这种爱慕表面上光彩的思想、心态、观念和意识就是虚荣，追求这种虚荣，得到的只是一时的心理满足，而非真正的快乐。

人心不足蛇吞象。欲壑难平，当我们看到一些表面比较光彩的东西的时候，不要老想着占有它，虽然虚荣心在一般情况下对人构不成太大的伤害，但是过强的虚荣心会驱使人产生可怕的动机，会带来非常严重的后果。

《金刚经》说："一切有为法，如梦幻泡影，如露亦如电，应作如是观。"世间的虚名假利、权势爱欲就像水泡一样的变幻无常，无法掌握。所以，不要被虚荣所占据，要树立正确的人生观、价值观和荣誉观，淡泊明志，名利皆是过眼云烟，自己享受自己的生活，才能得到幸福快乐。

放下面子，换来亲和力

有一家矿业公司，该公司的董事长在年轻时，工作上急于求成，遇事常急躁冲动。被下调到基层，去担任一个矿的矿长。在就任时的欢迎酒会上，由于他过于顾及自己的尊严，敬酒不喝，发言不讲，被老员工认为是一个不讲人情的上司,年轻的员工和矿工们对他更是敬而远之。他在矿里陷入了孤立被动的境地,工作毫无起色。

就这样大半年的时光过去了。临近新年前夕,矿上举办同乐会,大家要即兴表演节目。这位矿长在同乐会上即兴演了一出家乡戏,赢得了热烈的掌声。令他大感意外的是,那些一向对他敬而远之的部下们这时主动走过来对他表示亲近和友好。他一下子从中悟出了什么,在他的支持下,矿上成立了一个业余家乡戏团。从此,他的部下非常愿意和他接近,有事都喜欢跟他谈,他也由过去令人望而生畏变成了可亲可敬的人。在矿上无论一件多难办的事,只要经他出面,困难就会迎刃而解,事情定能办成。这个矿的生产蒸蒸日上。由于他出色的工作能力,再加上人心相向,后来被提拔为总公司的总经理。

他升为总经理后,有一次开现场会,全公司的头面人物都出席了。会上大家都为本年度的好成绩而高兴,为了让大家更高兴,公司总裁的秘书想出一个办法,就是把一位副经理恶作剧般地抛到喷泉的池子中去,以此使欢乐的气氛达到高潮。总裁同意这个提议, 并征询这位总经理的意见,这位总经理立刻意识到这是又一个放下架子的好机会,他立刻做出了由他自己在水池来一个旱鸭子戏水的决定,以此来博得大家的哄笑,把欢乐推向高潮。

这位总经理转向大家说:“我宣布大会最后一个项目就是秘书小姐的建议:她叫我在泉水池中来一个旱鸭子戏水……我同意了,请各位先生注意了,我现在就开始表演。”

说完他“扑通”一声跳入池中,做起了狗刨状,参会的几百名员工笑痛了肚子……事后总裁问他:“那天你完全可以叫副总经理去表演,没有必要亲自去做呀!”他笑着回答:“让那些职位低的人出洋相,以博得众人的取笑,而职位高的人却高高在上,端着一副架子,使人敬畏,那是最不得人心的了。”总经理这些话使总裁大有感触,从此他也变得和这位总经理一样注意体恤下属了。

生活中有的人总是好讲究面子，争一时之气，殊不知有时候放下自己的面子，能够承受别人的嘲讽，反而是好事一桩。放下所谓的自尊，被别人嘲笑几句，其实也没有什么大不了的，我们也没有损失什么。假如一味地顾及面子问题，不能容忍别人或有意或无心的玩笑话，轻则与朋友翻脸，自此老死不相往来，重则引来杀身之祸。即便我们想东山再起，已然是没有了机会。所以我们要学会适时地放下自己的面子，才有可能谋求更高的发展，获得更多的利益。

故事中的那位总经理深知管人之道，知道高高在上的管理者只会让下属敬而远之，不体恤下属的领导不可能得到下属的尊敬与爱戴。正所谓"得民心者得天下"，这才是亘古不变的真理。

明代的徐阶三十岁不到就担任了浙中督学的职务，负责考试有关事宜。一次，有个考生在作文中用了"颜苦孔之卓"的典故，意思是颜回对孔子学说的深奥苦于理解。徐阶用笔将这句画去，批了"杜撰"两个字。将文章列入第四等。发榜时这个考生拿试卷向徐阶请示说："先生对我的教育诚然是应该的，但这个典故出自扬雄的《法言》，实在不是学生杜撰。"徐阶听了考生的话后，马上站起来说："本人侥幸早些获得了功名，没有好好地做学问。今天感谢你的这番指教！"于是，他将考生的成绩改为"一等"。许多人听说了这件事，纷纷称赞徐阶有肚量。皇帝听说了这件事，后来升他入京做官。

无独有偶，也是在明代，一个考生因用了"为舜也父者，为舜也母者"的句子，被主考官批为"不通"，因而得第四等。当考生指出这两句出自《礼记·檀弓》篇时，主考官大怒说："偏是你一个人读过《礼记·檀弓》？"反而把考生从第四等又降至第五等。人们无不嘲笑此考官的为人，皇帝知道后，把这个人的官职撤掉了。

且不说先后两个考官的做法对考生前程的影响有何不同，对他们自己而言，前者从善如流，不仅没有因为一时的失误给自己带来丝毫损失，还博得了胸襟广阔的赞誉，就因为有了这样的智慧和肚量，徐阶才能在后来扳倒严嵩。后者为了面子，明知自己错了，还恼羞成怒地斥责别人，结果更让人笑话。所以当下属指出自己的错误时，不妨学习徐阶的智慧和度量。正好放下自己的架子，得到更多的支持者。

要知道，面子其实没有那么重要，虚荣过度只会让人迷失自我，有时候放下你的虚荣，放下你的面子，就能赢得人心，我们何乐而不为呢？

第十七章

如果抱怨是下一句，可以闭上你的嘴了

抱怨者，人远之

看到过这样一个让人啼笑皆非的事情：

一家公司的董事长，他对于自己公司最近发生的一些事非常不满意。所以在一次集会上，当他责怪下属不能按时上下班，缺乏工作责任感之后，就宣布要进行整顿，保证自己以后会以身作则，早到迟退，并要求每个人都努力工作，以使得公司能够取得更大的发展。

这位董事长自从宣布决定之后，一直就做得不错。但是有一天，他由于看报太入迷了，所以忘记了时间。当他看表的时候，不禁惊叫道："天哪！我非得

十分钟内赶回公司不可。”于是他飞快地冲向停车场，驾车狂奔，结果他因为超速行驶而被交通警察开了罚单。

这位董事长愤怒到了极点，抱怨道：“今天真是倒霉！没想到该死的警察居然跑来给我开了一张罚单。他应该去抓小偷，却来找我的麻烦，真是可笑！”

当他赶回到办公室的时候，为了转移别人的注意力，就把销售经理叫过来，大声问他那桩买卖是否已经成交了。销售经理抱歉地说：“对不起！我不知道自己在什么地方出了错，我们失去了这笔生意。”

乍一听到这个消息，董事长变得烦乱起来，冲着销售经理喊道：“我已经给了你多年的薪水了。现在我们终于有一次可以把生意做大的机会，没想到你却把它弄吹了。如果你不把这笔生意拉回来，我就开除你！”

经理好像也是被董事长给传染了，当他走出办公室后，也气急败坏地抱怨道：“真是没事找事！我为公司卖了多年力，如今已是公司的绝对骨干，那个老家伙不过是个傀儡。公司要是少了我马上就会停顿。而现在，仅仅因为我搞砸了一笔生意，他就恐吓要开除我，岂有此理！”

经理牢骚满腹，怨气冲天。他把秘书叫进来问：“昨天早上我给你的那五封信打印出来没有？”“抱歉，经理。”秘书低头答道，“我昨天太忙，结果给忘了。”经理顿时火冒三丈地指责道：“不要找任何借口，我要你赶快打好这些信件。如果你办不到，我就栽培别人。虽然你在这干了七年，并不表示你有终生被雇佣的权利。”

秘书同样也被传染了。她夺门而出就开始抱怨：“哼！七年来，我一直尽力做好这份工作。经常加班加点，从来没拿过一分钱的加班费。现在就因为我无法同时做两件事，就恐吓要辞退我。岂有此理！”

秘书回到家时怨气仍未消退，狠狠地把门关上。来到里屋，就看到十二岁的儿子正在躺着看电视，短裤上破了一个大洞，她非常愤怒地说：“我告诉你多少次了，放学回家后要换上在家穿的衣服，你就是不听。你赶紧给我回屋做作业去，晚饭别想吃了，以后三个星期之内不准看电视。”

孩子走出房间时嘀咕道：“真是见鬼！我今天帮她做家务不小心把衣服弄

破了，她却不问青红皂白就朝我发火。”这时，家里的小花猫刚好走到他跟前，他正无处发火，便狠狠地踢了它一脚，并骂道：“该死的！给我滚出去！”

这就是抱怨，抱怨就好像是往自己的鞋子里倒水，抱怨不能解决我们的任何问题，还会给我们带来很多的麻烦，既伤己又伤人。

每个人都有这样或是那样的不如意和各种逆境的遭遇。我们应该少一些抱怨，给自己一种积极向上的心态。更不要去羡慕他人的生活，你可能羡慕某某人如何如何有钱，某某人如何如何有权，某某人的好车如何多，房子如何如何漂亮……这是他人通过自身努力得到的。如果你以成功人生的生活标准来要求自己，而自己又没付出那么多，那你就只能给自己带来痛苦了。

宽容地说，抱怨属人之常情。“居长安，大不易”，难道不许别人说一说苦闷吗？然而，抱怨之不可取之处在于：你抱怨，等于你往自己的鞋子里倒水，使行路更难。

在这个世界上，人太多，爱太少，苦难忍，钱难赚。人人都感到活得累，于是抱怨成了最方便的发泄方式。但抱怨除了能发泄一下怨气之外，很多时候非但不解决问题，还会使问题恶化。如果抱怨上了瘾，不但人见人厌，自己也整天不开心。

人本来同情弱者，可是由于抱怨者习惯性地见一次诉说一次，显得那样的气急败坏，反而不再同情他，开始讨厌起来了。就像鲁迅的《祥林嫂》一样，人们本来很同情祥林嫂的遭遇，可是受不了祥林嫂的喋喋不休的诉说，到最后一见面就避之不及，就是受不了她的习惯性的抱怨。

很多人都有爱抱怨的毛病，他们上班抱怨工资太低，下班途中抱怨塞车，回到家抱怨爱人不够体贴、孩子不听话、家务事一大堆……好像生活中到处都充满了值得抱怨的东西，工作，家庭，金钱，甚至爱情，本来该是人生快乐所在，却变成了背上的枷锁。

抱怨的人不见得思想有多么复杂，心地多么邪恶，相反，他们还可能很善良和单纯，但因为他们的这一毛病却常不受欢迎。抱怨的人以为自己遭受了人世间最大的困难，他忽略或忘记了听他抱怨的人也同样经历过这些，但感受不同。

但是，抱怨之后，难道事情就会有转机了吗？难道心里的郁闷就会得到缓解了吗？不，事实上，抱怨的人在抱怨后，非但于事无补，心情往往更糟。

总是抱怨不幸的人，即使不给他任何痛苦，他也会自己给自己痛苦。

常言说，放下就是快乐。包括放下抱怨，因为它是心里最重的东西，也是最无用的东西。

很多人都抱怨过处境的艰难，发现无济于事之后便住口了。抱怨相当于赤脚在石子路上行走，而乐观是一双结结实实的鞋。抱怨丧失的不仅是勇气，还会失去朋友。谁都恐惧牢骚满腹的人，失去了勇气和朋友，人生会变得很难。

不抱怨的世界

快乐不是你得到的多，而是计较的少，幸福不是辛苦多，而是抱怨少。

宽容的种子能够长成幸福的大树，结出快乐的果实。

抱怨的种子只能长出病态的树干，结出痛苦的果实。

爱抱怨的人是走不了多远的，因为他会感到身累、心累，天天折磨自己。

抱怨是人性中的一种自我防卫机制，要完全做到不抱怨的确很难。如果你觉得自己根本无法做到停止抱怨，那么至少应该在抱怨的时候提醒自己，这个抱怨只是暂时的出气宣泄，可做心灵的麻醉剂，但绝不是心灵的解决方法。

有一个年轻的农夫，划着小船，给另一个村子的居民运送自家的农产品，天气酷热难耐，农夫汗流浃背，苦不堪言。他心急火燎地划着小船，希望赶紧完成运送任务，以便在天黑之前能返回家中。突然，农夫发现前方有另外一只小船，沿河而下，迎面向自己快速驶来。眼见着两只船就要撞上了，但那只船并没有丝毫避让的意思，似乎是有意要撞翻农夫的小船。“让开，快点让开！你这个白痴！”农夫大声地向对面的小船吼叫道，“再不让开你就要撞上我了！”农夫的吼叫完全没用，尽管农夫手忙脚乱地企图让开水道，但为时已晚，那只船还是重重地撞上了他的小船。农夫被激怒了，他厉声斥责道：“你会不会驾船，这么宽的河面，你竟然撞到了我的船上！”当农夫怒目审视对方小船时，他吃惊地发现，小船上空无一人。听他大呼小叫、厉言斥骂的只是一只挣脱了缆绳，顺河而下的空船。

抱怨最大的受害者其实是自己。在现实社会中，有很多人虽然受过良好的教育，才华横溢，但是却长期得不到重用，最大的原因就是他不愿意自我反省，总是责怪别人，抱怨环境，抱怨工作。

有一对夫妻结婚后天天闹矛盾，最后去见心理学家米尔顿·艾里克森。艾里克森听罢双方的抱怨后，说了一句话：“你们当初结婚的目的就是为了这无休无止的争吵抱怨吗？”那对夫妻听了顿时无语。据说后来他们重新恩爱似蜜。如果你能做到少抱怨，平平常常担起自己的责任，那么你的人生境界就非常不简单了。”

古人云：“大其心容天下之物；虚其心受天下之善；平其心论天下之事；潜其心现天下之理；定其心应天下之变。”我们应该以此作为自己的处世箴言，时刻铭记在心。只有这样，才能慢慢消除抱怨的情绪，以广阔的胸襟对待万物，达到一种人生境界。

不论境遇多么的不好，都不要抱怨，要对自己充满信心。卡耐基说：“自信是成功的第一秘诀。”一个人，只要把潜藏在身上的自信挖掘出来，时刻保持着强烈的自信心，并通过积极的行动，才能改善处境，走向成功的人生。

其实，有时候，我们的抱怨只是徒劳，世界并不会因为我们的抱怨而改变，甚至有时候，我们的机会也会因为我们的抱怨而悄然溜走。在这个世界上，没有一种生活是完美的，也没有一种生活会让一个人完全满意，我们做不到从不抱怨，但我们应该尽量让自己少一些抱怨，而多一些积极的心态去努力争取。

小珠家世代采珠，她有一颗珍珠，那是母亲在她离家之前给她的。在她离家前，母亲郑重地把她叫到身边，交给她这颗珍珠，告诉她：“当女工把沙子放进蚌的壳内时，蚌觉得非常的不舒服，但是又无力把沙子吐出去。所以，蚌面临两个选择，一是抱怨，让自己的日子很不好过，另一个是想办法跟这粒沙子同化，使它跟自己和平共处。于是，蚌开始把它的营养分一部分去把沙子包起来。当沙子裹上蚌的外衣时，蚌就觉得它是自己的一部分，不再是异物了。沙子裹上蚌的成分越多，蚌越把它当作自己，就越能心平气和地和沙子相处。”

母亲启发她道，蚌并没有大脑，它是无脊椎动物，在生命演化的层次上很低，但是连一个没有大脑的低等动物都知道要想办法去适应一个自己无法改变、令自己不愉快的异己，转变为可以接受的自己的一部分，人怎么会连蚌都不如呢？对自己目前的东西抱怨或不满。它们可能是贫乏的、不好的，但既然可以得到更好的，你就只好迁就你既有的一切，从中发现出路。不重视现在，就不会有可以期待的未来。

在这个世界上，谁不渴望出人头地？美国成功哲学演说家金·洛恩说过这么一句话：“成功不是追求得来的，而是被改变后的自己主动吸引而来的。”我们之所以没能成功，是因为我们身上确实存在着许多致命的缺点，就像是自私、傲慢、缺少自信、做事情不脚踏实地、没有耐心等等这些，都会严重阻碍我们的发展。因此我们只能对自己进行深刻的检讨，采取改进措施，这样我们就会发生巨大变化，会感觉到自己在一天天地向成功迈进。前进是我们改变现状的捷径，而抱怨只会消磨我们的斗志，打击我们的信心。我们想要增强信心，就必须停止抱怨，因为抱怨只会带来恐惧。停止抱怨才是一种高尚的人生境界。只有停止抱怨，付诸行动，我们才能成功。

世界是不公平的，要接受和适应它

虽然不公平的现象确实存在于我们的生活当中，但是我们不能因为没有公平的起跑线就放弃自己的努力，毕竟我们可以争取在人生的逆境中增强自己的实力，为自己的成功打下基础。

安格鲁·玛利亚小时候和奶奶一起住在美国阿肯色州的斯坦斐。奶奶开着一间小店。每当有牢骚满腹、喋喋不休的顾客来到她的小店的时候，她总是不管安格鲁在做什么都会把她拉到身边，神秘兮兮地说："丫头，来，进来！"安格鲁都是很听话地进去。奶奶就会问她的主顾："今天怎么样啊，托马斯老弟？"那人就会长叹一声："不怎么样，今天不怎么样，赫德森大姐，你看看，这夏天，这大热天，我讨厌它，噢，简直是烦透了。它可把我折腾得够呛。我受不了这热，真要命。"奶奶抱着胳膊，淡漠地站着，低声地嘟囔："唔，嗯，哼，嗯哼。"边向安格鲁眨眨眼，确信这些抱怨唠叨都灌到安格鲁耳朵里去了。

再有一次，一个牢骚满腹的人抱怨道："犁地这活儿让我烦透了。尘土飞扬，真糟心，骡子也犟脾气不听使唤，真是一点也不听喝，要命透了。我再也干不下去了。我的腿脚，还有我的手，酸痛酸痛的，眼睛也迷了，鼻子也呛了，我再也受不了了！”这时候奶奶还是抱着胳膊，淡漠地站着，咕哝道：“唔，嗯哼，嗯哼。”边看安格鲁，点点头。这些牢骚满腹的家伙一出店门，奶奶就把安格鲁叫到跟前，不厌其烦地说：“丫头，每个夜晚都有一些人——不论是黑人还是白人，富人还是穷人——酣然入眠，但却一睡不起。丫头，看那些与世永诀的人，暖和的被窝已成为冰冷的灵柩，羊毛毯已成为裹尸布，记着，丫头，要是你对什么事不满意，那就设法去改变它，如果改变不了，那就换种态度去对待，千万不要抱怨唠叨。”

当你羡慕别人坐拥巨富享受高品质生活的时候，当你嫉妒别人拿着高薪坐着高位的时候，当你看到机会总是让别人占有的时候，你会抱怨为什么老天这么的不公平。但是，你有没有想过或者问过自己，我确实付出了百分之百的努力了吗？不成功的人，经常抱怨世界的不公平，因为机会和好运总垂青于他人。成功的人，其实也知道世间有很多不公的事情的存在，但是他们不抱怨，而是埋头做事，充实自己，锻炼自己，让自己与机遇不会擦肩而过，最终取得成功。

在现在的社会中，人都无法选择自己的出身，很多人抱怨自己为什么没有出生在一个大款或官员家庭，而生于贫穷的农村，抱怨家长无权无势。但是这有什么值得抱怨的呢？有的人出身显赫，人生一路顺遂，有的人生在寒门，必须经历诸多磨难才能成功。不过不都是成功了吗？虽然不公平的生存条件，可能会造就不公平的人生。但是我们只要把握住自己，用自己的努力去与之竞争，那么我们也是会成功的。

抱怨是一种刻意比较的执着之心。在名利、地位、金钱、待遇上总有与人家比高、比好、比多、比大的心理，结果越比越烦，当然抱怨也就更多了。俗话说得好，人比人得死，货比货得扔。世上多有不平事，但寻不平生烦恼。客观地说，抱怨和烦恼大多是自找的。倘若调整思路，反过来一比的话，就会心地坦然，神清气爽，看天天蓝，瞅地地阔，视路路平，世界多美好啊。

海上的波浪，有时起，有时落，人也一样。有时处于人生的高峰，有时处于人生的低谷。高峰中潜藏着跌落的因素，低谷中哺育着新的高峰。人生就是这样螺旋式上升，波浪式向前的。当年林肯一生坎坷，屡受挫折，谁能相信这位鞋匠的儿子能成为历史上最伟大的总统之一呢？这样的例子多得数不胜数，世界上什么样的奇迹都可能发生，其前提只有一点：我还活着，只要努力，我就能成功。

爱默生说过，一味愚蠢地强求始终公平，是心胸狭窄者的弊病之一。因为我们不可能对人生投“弃权”票，所以就必须在停止抱怨的同时，学会淡然处世。

比尔·盖茨告诫初入社会的年轻人：社会不是绝对公平的，这种不公平遍布于个人发展的每一个阶段。在这一现实面前，任何保全都没有益处，只有坦然地接受这一现实，并且愿意忍受眼前的痛苦，才能扭转这种不公平，使自己的事业有进一步发展的可能。

抱怨只能让我们的身心越来越疲惫，让我们的人际关系陷入僵局，让我们只注重过去的鸡毛蒜皮般的小事，而忽视了眼前的大事。光抱怨是没有用的，关键在于要怎么去动脑，想办法，找门路解决实际问题。

所以不要强求公平，只要自己问心无愧，用了自己百分之百的努力去奋斗了，去争取了，去努力了，那就是成功。不要抱怨，抱怨给不了你成功，只会给你添加烦恼。人无论生活在何种环境下，都要乐观一些。放下抱怨，很多问题自然消解，你也会轻松很多。

感恩眼前的一切美好

《达尔》一书的作者，是一位失明已逾半个世纪的老妇人。她在书里写道："我仅存的一只眼睛上布满斑点，我所有的视力只能依靠左侧的一点点小孔。我看书的时候，必须要把书举到自己面前，并且尽可能地靠近我左眼左侧的视觉区域。"

非常值得同情，不是吗？但是她并没有抱怨，也不打算去接受怜悯，也没想过要享受什么特别的待遇。小时候，她想要和小朋友们一起玩游戏，可是却苦于无法看到地上画的任何记号，等到小朋友都回家了之后，她趴在地上仔细辨认那些记号，并且熟悉地上画着的那些线条。她完全熟悉了地上的那些线条，并且成为这个游戏之中的佼佼者。她拿着放大字体的书在家里自学，把书页靠近自己的脸，近到睫毛几乎贴在书上。她修完了两个学位。

她刚开始在明尼苏达州的一个小村庄教书，后来又成了南卡罗来纳州一个学院的教授。她在当地执教十三年，还常常在妇女俱乐部演讲，上电台节目谈书籍和作者。她在自己的书里写道："在我内心深处，对于失明的恐惧一直都无法完全驱除，为了克服这一点，我只有对人生采取开心甚至天真的态度。"

1943年，在她五十二岁的时候，奇迹发生了。一项手术使她恢复了比以前好四十倍的视力。

一个全新的世界开始展现在她的眼前，即使在水槽边上洗碗对她来说也是一件令人兴奋的事情。她在书里写道："我开始试着玩弄碟子上的泡沫，我用手捧起一堆肥皂泡沫，对光看过去，我看到缩小了的彩虹一般的色彩幻影。"

从水槽上方厨房的窗口望出去,她看到的是“震动着灰黑色翅膀飞过积雪的一只麻雀”。

能够亲眼看到肥皂泡和麻雀,对她来说就是极大的幸运。这也促使她用下面这句话来作为自己书的结尾:“亲爱的主,我不禁低语,我们的上苍,我感谢你,我感谢你。”

人生最大的悲哀在于,我们永远羡慕别人,看着别人,对自己已拥有的东西却不去感谢。父母总是抱怨自己的孩子不听话,孩子们抱怨父母不理解他们。男朋友抱怨女朋友不够温柔,女朋友抱怨男朋友不够体贴。他们从未想过,拥有健全的父母、健康的小孩儿和亲密的男女朋友是一件多么不容易的事情!许多人也许认为拥有大量的财富和无限的权力才会幸福,为此他们拼命奋斗,忙得来不及享受所拥有的一切。事实上,我们已经拥有很多了,我们应该感谢我们所拥有的一切。

生活中少了抱怨,多了感谢,会让我们的心情变得平和,让我们的身心都变得健康。抱怨,当我们说这个词的时候,总是下意识地想到《项链》里的女主人公,在夕阳下看着杂乱的小屋,青春逝去的脸庞,细数过去的美丽和现实中的磕磕碰碰;抑或是祥林嫂不断地哭诉她的不幸以致麻木。所以不要把麻烦转变成自己的烦恼,使自己陷入无尽的烦闷悲伤之中。其实唯一能伤害人的也只有自己,恼恨自己和恼恨别人全都是徒劳无益、于事无补的。

一个真正超越琐事的领悟者,第一要达成的境界就是停止抱怨。面对一切的误解、攻击、诋毁、赞誉、奖赏,领悟者都能做到以开放的心坦然承受。

对于生活中的困难和人生中的困惑,只要我们坚持乐观向上的态度,充满信心,咬紧牙关,少一点抱怨,多一份热爱,那么所有的美好都将属于你。

某心理学家做过一个关于抱怨的心理测试,得到这样一个结论:如果你想抱怨,那么生活中的一切都会成为抱怨的对象。如果你不抱怨,那么生活中的一切都不会让你抱怨。

荀子曰:“自知者不怨人,知命者不怨天。怨人者穷,怨天者无志,失之己,反之人,岂不迂乎哉!”

所有公司的领导都认为抱怨只是一种无能的表现。工作中不可能事事如意，也许暂时会有不顺，但不可能永远地失衡下去。只要将这些不如意化为动力，真正提高工作效率，收到实际的效果，才会得到领导的认可。

有人说过，就算生活给你的是垃圾，你同样能把垃圾踩在脚底下，登上世界之巅。其实，这个世界只在乎你是否到达了一个高度，而不在乎你是踩在巨人的肩膀上去的，还是踩着垃圾上去的。何况，一味地抱怨不但于事无补，有时还会让事情变得更糟。所以，不论遇到什么事情都不应该抱怨，换种想法，靠自己的努力去改变现状，获得幸福才是我们最应该做的。

不抱怨，不要浪费自己的时间、精力在一些无聊的事情上，要知道，生活中的事情都不可能是一成不变的，如果不能适应，不能保持好自己的心态，那就没有办法摆脱烦恼。生活一直是美好的，我们要感谢我们拥有的一切。

把抱怨换成努力

在生活中我们要选择做一个有进取心的人，不抱怨，也不埋怨，只有这样我们才能取得成功。

有一个女孩，她是成功学大师拿破仑·希尔的一位秘书，她的工作主要就是把拿破仑·希尔的信件进行拆阅、分类，记录下他口述的内容，把回复的内容整理好邮寄给写信的人。她的收入是最一般的书写员的薪水，和同行业的人都是相同的。但是有一天，当她在记录拿破仑·希尔给别人的回信时，拿破仑·希尔说了一句至理名言："你唯一的限制就是你自己脑海里给自己设定的那个限制。"这句话同时也进入了她的心里。从那以后，她每天都很晚才下班，并且主动承担起更多原来并不需要她的工作。

后来有一天，当她把自己写好的回信拿给拿破仑·希尔的时候，拿破仑·希尔很惊讶地发现，女秘书已经完全掌握了他的说话风格，她通过自己的钻研将这些信写得和拿破仑·希尔口述的几乎一模一样，甚至有些地方比拿破仑·希尔自己说的还要精彩。从这之后，女秘书一直都保持着这个写信的习惯。直到有一天拿破仑·希尔的私人高级秘书辞职之后，他需要下一位私人高级秘书的时候，很自然就想到了这位女秘书。她在工作中总是最积极主动的，当然也就是最能胜任这份工作的人，毕竟她已经透彻地掌握了拿破仑·希尔的演讲风格，没有人能比她更胜任这项工作了。

故事中的这个女孩正是通过自己的努力，在没有得到任何额外收入的情况下，一直在做拿破仑·希尔并没有要求她做的事情，也正是通过写这样一封封回信的训练，才促使她获得了更高的职位，当然也让自己的收入得到了明显的提高。大家试想一下，如果她像很多和她同龄的年轻女秘书一样，在还差半个小时才能下班的时候就已经开始想晚上的约会该去哪儿？那么恐怕她这一辈子都会跟这份私人高级秘书的职位绝缘了。

进取心最关键的就是不要用自己现在的收入来衡量自己的付出。喜欢抱怨的人总是会说："我就拿这么一点点的钱，凭什么要让我做那么多的事情啊？"那好吧，那你就永远拿那么一点点的钱吧。毕竟你也只是做了和这些金额相符的工作而已。但是有进取心的人会做很多的额外的工作，因为这些工作对他们来说都是难得的锻炼能力的机会，只要自己的能力提升了，就不怕完不成更重要的事情，也只有这样，才能有资格去获得更高的收入。

有进取心的人经常会主动去做应该做的事情，除此以外，还会把别人并没有要求他完成的任务一起做完。而喜欢抱怨的人不但只会被动地跟在别人的后面做一些事情，还一直会想尽各种办法把属于自己的事情都推给别人去做。成功往往会青睐第一种人，因为他们喜欢积极主动地去思考问题的解决途径，而且会尽可能地多做事情，为自己创造很多的机会。

杜兰特公司的副总裁丹尼斯从一名普通员工升职到副总裁仅仅花费了五年的时间。员工们请他总结一下自己迅速升迁的经验。丹尼斯说："当我刚来公司的时候，我发现，在每天下班以后，大家都回家了的时候，只有杜兰特先生还会留在办公室里，而且一直工作到很晚。所以，我就想我应该留下来，虽然并没有任何人要求我留下来，但是我想杜兰特先生在工作的时候或许会有一些需要我帮助的事情。所以当杜兰特先生在晚上需要某个人把文件拿来，抑或是需要人手帮忙安排一些事情的时候，自然而然地就找到了我。就这样慢慢地，他就养成了让我协助他完成工作的习惯，当然很自然地我就得到更多的锻炼机会了。"

但是杜兰特先生怎么会养成与丹尼斯合作的习惯呢？显然并不是丹尼斯的业务水平如何出类拔萃，那只不过是因为他留在了办公室里，而其他人并没有留在那里。也许在开始的时候丹尼斯并没有获得额外的收入，但是他获得的是比收入要重要得多的东西。毕竟和老板一起工作的机会是不多的。这样的机会可以让丹尼斯的工作能力得到迅速的提高，自然很快也就能得到提拔，也因此收入就有了显著的提高。

告诉自己在工作中要有进取心，平常工作的时候要不怕辛苦，任劳任怨。只有这样我们才能不断地增加自己的实力，从而为自己创造更多的机会。也正因为如此，我们才能在机会出现的时候，拥有抓住它的实力。

灾难自有它的价值

在漫长的人生道路上，我们会遇到许许多多、大大小小的困难和挫折。在遭遇困难和挫折的时候，我们首先要认识到面对现实是我们现在最好的选择。一味抱怨只会使我们的境况越来越糟。当我们想要抱怨的时候，想要唉声叹气的时候，想要指责命运不公的时候，我们就先给自己提个醒：如果我们正视现实之后，发现这个困难或者挫折不过是个纸老虎呢？即便那是个真老虎，我们也可以想想办法，毕竟事在人为嘛！不管结果会怎样，总比一味抱怨，坐以待毙要好。

1914年一个冬日的晚上，发明家爱迪生的实验室因为一场大火而化为灰烬。就在这一个短短的夜晚，爱迪生一生的心血都随着那场大火而失去。

在大火猛烈燃烧的时候，爱迪生的儿子发疯似地在浓烟和灰烬中寻找着自己的父亲。而爱迪生则是平静地看着火中的实验室，甚至他在看到儿子的时候还对他大声喊道："查理斯，你母亲去哪儿了？去，快去，让她快回来看看，她这辈子恐怕都再也见不到这样的场面了。"

第二天的早上，爱迪生看着眼前的这片废墟说道："灾难自有它的价值。瞧！我们以前所有的错误都被大火烧得一干二净。感谢上帝，这样我们就又可以重新再来了。"

在火灾过去的三周之后，六十多岁的爱迪生就已经开始着手推出世界上第一部留声机了。

爱迪生的故事告诉我们，灾难已经发生了，不论我们怎样的痛心疾首，它都已经是不可改变的事实了。如果一味地面对废墟抱怨和哭泣，只会让我们陷入更加悲惨的境地。在这个世界上，之所以有那么多的人与成功失之交臂，最根本的原因就是他们对自己所处环境的依赖之心太强，一有点风吹草动就会抱怨连连，从来没有想过要靠自己的力量去改变这个现状。我们想要获得成功，就必须学会改变，首先我们就要改变这种心态。

正视现实并且想办法去改变现状是成功者的一个好习惯。我们想要成功就必须拥有这样的习惯。不管我们遇到任何问题，都要体验一下正视现实并且设法改善到底会产生多么大的效果。这种体验会让我们感到激动和兴奋的。因为，这会让我们感到一种无所畏惧的豪迈之气。但是，如果我们在这样的机会面前还是选择一味地抱怨，那么就会被剥夺这种好运气。要知道，好运气只会青睐拥有积极向上心态的人们。

1929年的一天，在中南部俄克拉荷马州首府俄克拉荷马城的火车站上，美国青年奥斯卡在焦急地等候火车往东边去。奥斯卡已经在气温高达43摄氏度的西部沙漠地区待了好几个月了。他正在为一个东方公司勘探石油。奥斯卡是毕业于美国麻省理工学院的高才生。据说他已经可以把旧式探矿杖、电流计、磁力计、示波器、电子管和其他仪器结合成勘探石油的新式仪器。但是现在奥斯卡得知，他所在的公司因为无力偿付债务而破产了，所以他只能踏上了归途。因为失业让他的心情非常的烦躁，由于他必须要在火车站等待几个小时，他就决定在这儿架起他的探矿仪器用来消磨时间，但是他突然发现仪器上的读数表明车站的地下蕴藏有石油。但是奥斯卡并不相信这一切，他在盛怒中踢翻了那些仪器。“这里不可能有那么多的石油！这里不可能有那么多的石油！”他十分反感地反复叫道。

在登车之前，奥斯卡把他那用以勘探石油的新式仪器毁掉了，他也丢掉了一个全美最富饶的石油矿藏地。

不久之后,人们就发现俄克拉荷马城地下埋有石油,甚至可以毫不夸张地说,这座城就浮在石油上面。

奥斯卡由于受到失业的挫折,就选择了抱怨,放弃自己,他一直找寻的机会其实就躺在他的脚下,但是他却不肯承认它。他已经放弃了自己,也因此他失去了近在咫尺的矿藏。

由此我们可以看出,在我们面对挫折的时候不要一味地抱怨。要勇于面对,积极地想办法解决。不努力之前,你不会知道自己到底能不能成功。但是一味地抱怨是不可能成功。不管怎样,只要我们不放弃努力,总是会比一味抱怨要强很多的。

抱怨解决不了任何问题,还有可能会让我们失去近在咫尺的机会。抱怨是一种无能的表现,是失败者用来自我安慰、自我麻痹的一种手段。它只会限制我们的思想,冻结我们的行动。除此之外,抱怨不会带来任何的好处。那么我们为什么还要容忍它呢?我们应该抛弃抱怨,脚踏实地地去想办法,要知道事在人为,只要我们努力,成功就会离我们越来越近。